CHOIX DES ANIMAUX
DE LA FERME

EN VENTE DANS CETTE COLLECTION

Vente et débouchés des Produits de la Ferme, par Henri Blin. Un volume.

Utilisation à la Ferme des Déchets et Résidus industriels, par J. Fritsch. Un volume.

Les Tourteaux oléagineux, Tourteaux alimentaires, Tourteaux-Engrais, par J. Fritsch. Un volume.

Les Associations agricoles, professionnelles et mutuelles, par A. Lecomte. Un volume.

La Femme à la Ferme et aux Champs, par Mme Borel de la Prévostière. Un volume.

Les Plantes aromatiques de distillerie, par G. Faliès. Un volume.

Les Raisins de table, Production, Conservation, Commerce, par H. Latière. Un volume.

Fruits et Primeurs du Midi de la France, Production et Commerce, par H. Latière. Un volume.

Arboriculture générale, les Pépinières, par A. Gravier. Un volume.

Culture du Fraisier et des arbustes fruitiers, par G. Faliès. Un volume.

Le Lait Hygiénique, Production et Vente, par Antonin Rolet. Un volume.

Notions élémentaires d'Agriculture, par Eugène Morel et H.-L.-A. Blanchon. Un volume.

Culture des Plantes oléagineuses et textiles, par J. Fritsch. Un volume.

Le Porc, Races, Elevage, Maladies, par H.-L.-A. Blanchon. Un volume.

Le Cheval de Demi-sang, par Alfred Gallier. Un volume.

Constructions rurales, par P. et P. Blancarnoux. Un volume.

Les Engrais, par J. Fritsch. Deux volumes.

Les Bovidés, par S. Guéraud-de-Laharpe. Un volume.

L'Industrie du Beurre, par Antonin Rolet. 2 volumes.

Les Ovidés. par S. Guéraud-de-Laharpe. Un volume.

Le Cheval de Trait, par Alfred Gallier. Un volume.

Choix des animaux de la Ferme, par Pierre Manchon. Un volume.

Pour paraître prochainement :

L'Aviculture, par le Cte Maurice Delamarre. Un volume.

Les Prairies, par A. Lecomte. Un volume.

Chaque volume comprend 200-300 pages. Prix : Broché, **2 fr.**

L'AGRICULTURE AU XXe SIÈCLE
ENCYCLOPÉDIE PUBLIÉE SOUS LA DIRECTION DE
H.-L.-A. BLANCHON & J. FRITSCH

Choix des Animaux de la Ferme

BŒUFS ET VACHES — CHEVAUX
MOUTONS — PORCS

PAR

Pierre MANCHON
Propriétaire-Eleveur
Ancien élève des Écoles d'Agriculture de l'État
Chevalier du Mérite Agricole
Officier du Nichan Iftikhar

64 illustrations dans le texte

PARIS
LUCIEN LAVEUR, ÉDITEUR
13, RUE DES SAINTS-PÈRES, VIe

BIBLIOGRAPHIE

C'est un devoir pour nous de mentionner ici les sources et les savants auteurs qui nous ont servi de guide, de modèle, dans la rédaction de notre étude.

Cette courte bibliographie forme un précieux ensemb'e à consulter. Aussi, nous conseillons fortement le lecteur, désireux d'obtenir des indications plus étendues, de se reporter aux ouvrages ou aux auteurs ci-dessous.

Malgré notre attention et nos recherches, nous oublions peut-être quelques noms. Nous nous empresserons de rectifier notre oubli aussitôt que nous en serons avisé.

Baron Henry d'Anchald : Ecrits divers.

A. Andriveau : Cours et Conférences. Ecole d'agriculture du Neubourg (Eure).

L'Agriculture Nouvelle : Journal hebdomadaire, rue d'Enghien, Paris.

Dr Bardonnet des Martels : *Traité des Maniements des animaux domestiques ;* Librairie agricole de la Maison rustique, Paris, 1 vol.

H.-L.-A. Blanchon : *Le Porc*. Laveur, éditeur, Paris, 1 vol.

Le Professeur Baron : *De l'Ecole vétérinaire d'Alfort.*

Baudement, Bourgelat, Bakewel, F. de la Bruyère : Publications et ouvrages divers.

Jules Le Conte : *Elevage des veaux*. Librairie agricole. Paris, 1 vol.

Le Chasseur Français : Journal, à Saint-Etienne (Loire).

Cours abrégé d'hippologie de l'Armée. R. Chapelot et Cie, éditeurs, Paris, 1 vol.

Le Coulteux, Daubenton, Général Daumas : Ouvrages divers.

P. Diffloth : *Zootechnie.* J.-B. Baillière et fils, éditeurs, Paris, 3 vol.

Colonel E. Duhousset : *Le Cheval.* Vve Morel et Cie, éditeurs, Paris, 1 vol.

P. Dechambre : *La Vache laitière.* Charles Amat, édit., Paris, 1 vol.

J.-M. Fontan : *L'Elevage du Porc.* Baillière et fils, édit., Paris, 1 vol.

Farcat, Inspecteur sanitaire à Amiens : Cours et Conférences.

G. Guénaux : *L'Elevage en Normandie.* Baillière et fils, éditeurs, Paris, 1 vol.

Guénon, Goubaux et Barrier : Conférences, cours, ouvrages divers.

Guéraud de Laharpe : *Les Bovidés.* Laveur, éditeur, Paris, 1 vol. *Les Ovidés, id.*

Dr H. George : Articles parus dans *l'Agriculture Nouvelle.* Lavalard : *Le Cheval.* Firmin-Didot et Cie, édit., Paris, 2 vol.

Larbalétrier et Villiers : *Manuel pratique de l'achat et de la vente du bétail.* Garnier frères, édit., Paris, 1 vol.

Leymarie. Ecole d'agriculture du Paraclet (Somme) : Cours et conférences.

Lavril, Magne : Ecrits divers.

Mallèvre : *Fermes et Châteaux.* Pierre Lafitte, édit., Paris.

L. Montané : *Extérieur du cheval.* J.-B. Baillière et fils, édit., Paris, 1 vol.

Comte de Montigny : *Comment il faut choisir un cheval.* J. Rothschild, édit., Paris.

F. Noël : Conférences. Ecole d'agriculture de Coigny (Manche).

J. Pellier fils : *L'Equitation pratique.* Hachette et Cie, édit., Paris, 1 vol.

Petit Journal agricole. Périodique, rue Lafayette, Paris.

Renoult-Lizot : Etudes diverses.

H. Rossignol et P. Dechambre : *Eléments d'hygiène et de Zootechnie.* Rueff et Cie, éditeurs, Paris, 2 vol.

A. Rolet : *Le Lait hygiénique.* Laveur, édit., Paris, 1 vol.

Professeur Schorro, Sidney : Œuvres diverses.

A. Sanson : *Traité de Zootechnie.* Librairie agricole, Paris, 5 vol.

E. Thierry : Différents ouvrages. Librairie agricole de la Maison rustique. Paris.

Tisserand, Conseiller d'Etat, anc. directeur de l'Agriculture : Conférences et Discours.

Marcel Vacher : *Appréciation du bétail dans les concours.* Ch. Amat., édit., Paris, 1 vol., et journal *l'Agriculture nouvelle*, Paris.

Villet : *Vaches laitières.* Le Bailly, édit., Paris, 1 vol.

PRÉFACE

Le choix des animaux de la ferme a pour l'agriculteur une importance primordiale : par leur travail ou par leurs produits, ne sont-ils pas comme la source première de sa richesse ? Mais au moment de les acquérir le cultivateur se trouve souvent bien embarrassé. Son expérience personnelle ne peut lui suffire, conscient qu'il est des multiples difficultés du choix. D'autre part, les ouvrages qu'il pourrait consulter n'apprennent rien de nouveau et, dans la plupart des cas, rien de *pratique*.

Or l'agriculteur moderne recherche le nouveau à condition que l'innovation ait fait ses preuves qu'elle ait été utilisée avec succès et dans des circonstances diverses. Il ne veut rien d'incertain et rien de théorique, aucune hypothèse ayant les dehors scientifiques et qui n'ait pas subi l'épreuve de l'application. Le présent livre voudrait répondre à ce besoin très légitime de savoir comment l'on peut pratiquement, dans l'état actuel des connaissances zootechniques et dans les conditions présentes des ventes, opérer le meilleur choix des animaux de la ferme.

Nous avons rassemblé les connaissances générales relatives à ce choix, traits distinctifs des animaux, signes de leurs qualités ou de leurs défauts ; mais aussi nous avons attiré l'attention sur les fraudes et les tromperies des marchands et des maquignons intéressés à dissimuler les tares ou les vices. Nous ne prétendons pas avoir tout dit : car l'esprit de dol est trop souvent allié à l'esprit commerçant et chaque jour il invente de nouvelles supercheries.

Nous avons coordonné le savoir pour ainsi dire universel sur cette question du choix des animaux et nous y avons ajouté les observations de notre expérience personnelle acquise non seulement dans les Ecoles, ce qui serait peu, mais dans les foires, sur les marchés, aux ventes et enchères, enfin et surtout parmi les éleveurs, dans les fermes et les haras.

Nous avons mis à profit les études antérieures; il ne saurait en être autrement en matière d'agriculture, là où le savoir est d'abord une expérience accumulée. La bibliographie que nous publions rendra hommage aux auteurs que nous avons particulièrement suivis et en leur témoignant notre reconnaissance nous nous faisons un devoir de répéter ici combien précieux sont ces documents pour les véritables éleveurs.

Nous avons recommandé, non sans quelque hardiesse, dans un domaine spécial, plusieurs procédés dits empiriques. L'empirisme peut être pris dans un sens vague et péjoratif, si on en fait le synonyme d'une routine aveugle, naturellement opposée à l'esprit scientifique toujours avide d'expliquer et de contrôler. Mais l'expérience, ἐμπειρία (empiria), c'est la pratique habile, l'observation quotidienne intelligemment comprise ou interprétée. En ce sens, l'empirisme est le commencement et la fin de tout savoir fécond. Dès lors, pourquoi rejeter des procédés et des données qui, pour ne pas comporter encore une démonstration et une explication rationnelle, n'en ont pas moins pour eux le bénéfice de la réussite pratique? Ce qui est antiscientifique, c'est de rejeter *a priori* ce qu'on n'a pu justifier, c'est-à-dire coordonner avec les autres données. Nous ne commettrons pas cette faute de méthode et nous relaterons avec soin les procédés empiriques, quand on n'a pas à sa disposition d'autres moyens de faire un choix avec justesse et rapidité.

Nous serions heureux si notre modeste étude venait ajouter quelques enseignements pratiques aux connaissances agricoles actuelles ; si, grâce à elle, quelques éleveurs, encore à leurs débuts, évitaient l'apprentissage à leurs dépens, cause trop fréquente de dégoûts et de regrets. Le poète ancien a dit magnifiquement :

Trop heureux l'homme de la terre s'il savait son bonheur :
O fortunatos nimium, sua si bona norint,
Agricolas !

Il le sait souvent, conscient de sa forte santé et de son indépendance. Il voudrait seulement avoir moins de risques dans le présent et plus de certitude dans l'avenir. Si nous lui apportons l'un et l'autre, nous aurons droit peut-être à quelque reconnaissance.

Elevage modèle du Bellé,
le 15 janvier 1910.

P. Manchon

CHOIX DES ANIMAUX
DE LA FERME

INTRODUCTION

I. — Aperçu et Résumé des Rapports de la Zootechnie avec les connaissances des agriculteurs éleveurs.

1° *Définition. Ce que doit être la Zootechnie pour les agriculteurs.*

La zootechnie est la science qui étudie l'animal domestique. Elle fait partie de la zoologie et enseigne les procédés qui permettent d'utiliser au maximum les animaux qui peuplent les exploitations agricoles.

La zootechnie étudie l'animal tant au point de vue

de sa constitution qu'au point de vue de sa continuation et des moyens que son adaptation peut offrir au développement et au rendement de la race.

Pour bien comprendre et profiter des métamorphoses nombreuses et suffisamment enchaînées dont sont susceptibles les animaux de la ferme, l'observateur doit donc s'appliquer à connaître le bétail, ses moyens de reproduction, ses produits dérivatifs et, dans une certaine mesure, les industries s'y rattachant. C'est à cette seule condition que la marche croissante d'une entreprise agricole s'établira et continuera toujours graduellement.

Grâce au labeur soutenu de nos savants agronomes, on est parvenu à grouper toutes les connaissances se rapportant à la race animale domestiquée dans la branche spéciale dite *zootechnie*, science délicate dont les avantages, comme on le verra, ne sont pas encore appréciés de l'ensemble des cultivateurs et des éleveurs.

Après avoir posé les bases certaines de l'origine des races, de leur adaptation au sol, des méthodes de leur reproduction et de leur amélioration, la zootechnie, petit à petit, est venue démontrer, à l'aide d'essais concluants, comment peut être conduite l'alimentation des différentes espèces animales en mettant en ligne deux données essentielles : l'hygiène et l'économie.

A mesure que les recherches continuaient, la zootechnie se compliquait. Elle a cependant permis d'établir des lois générales, des considérations nombreuses qui, *a priori*, pour ne pas être à la portée de tout le monde, s'expliquent aisément à quiconque veut s'en donner la peine. Mais pour bien en comprendre toutes les lois, une instruction préliminaire et spéciale est utile, car il faut avoir recours à chaque instant à la physiologie animale, si l'on désire approfondir quelque peu les questions de détails. Aussi la zootechnie propre ne pouvait rester à la portée du monde des campagnes. Il devenait nécessaire d'en généraliser les données immédiates, les plus essentielles à la connaissance des animaux de la ferme.

Tout d'abord, quelques savants, avides d'une classification bien délimitée, s'efforçaient de grouper les ressemblances qui pouvaient réunir un système à son plus rapprochant. Les moyens de recherches, bornés au début, ont été considérablement augmentés, si bien qu'en moins d'une quinzaine d'années il a fallu séparer pour toujours la zootechnie de la zoologie pure, en faisant de celle-là un enseignement précis. Cet enseignement a vite été introduit dans les Ecoles d'agriculture des différents degrés et on sait depuis combien il est devenu précieux.

L'honorable conseiller Tisserand, ancien directeur de l'Agriculture en France, s'est souvent fait l'interprête du Conseil supérieur en demandant à la presse agricole de s'occuper de la zootechnie d'une manière plus suivie en faveur des populations rurales. Il savait combien cette science pourrait rendre de services aux agriculteurs éleveurs qui connaîtraient les ressources avantageuses de l'application rationnelle des principes zootechniques susceptibles de se rattacher, de s'appliquer aux races exploitées dans les centres ruraux.

Au point de vue de pure définition, chaque pays possède sa zootechnie spéciale. Ainsi, en n'envisageant que la seule question de l'alimentation, on constate que, les productions économiques variant avec les milieux de culture, le climat et l'adaptation des individus, on ne peut guère prétendre établir, sans esprit de retour, une formule générale de rationnement susceptible de donner des résultats constants dans les différentes régions.

Parmi les méthodes dites rationnelles, par opposition aux empiriques procédés établis on ne sait trop comment, il faut encore tenir compte des qualités individuelles, de la vocation du sujet, variables avec l'âge, la précocité, la vigueur ou la faiblesse physiologiques, l'aptitude de chaque individu.

Ce sont autant de particularités délicates dont on est pourtant bien obligé de se rendre compte en établissant une formule, quelle qu'elle soit. En songeant à tous ces détails, dont quelques-uns mêmes semblent contradictoires au début, on ne doit pas s'étonner outre mesure si un peu partout, dans les campagnes, dans les centres herbagers les plus réputés comme dans les plateaux les plus avancés, de grosses erreurs sont à chaque instant commises en tant qu'interprétation des différentes méthodes de reproduction et d'utilisation animales.

Nous éviterons les données scientifiques afin de rester clair et compris de tout le monde. Nous repoussons d'avance toutes les théories qui n'ont pas, jusqu'à présent, donné des résultats certains. Il ne faut pas se perdre dans les nombreux chemins ouverts par l'art zootechnique. Nous laisserons de côté toute question ne se rapportant pas immédiatement aux animaux de la ferme et surtout à leur choix en tant que capital productif d'intérêt. Notre plan est restreint à la zootechnie spéciale et purement pratique.

2° *But et utilité de la zootechnie. Avantages et applications.*

Pour bien éclairer le lecteur et le guider dans ses recherches, dans le cas où il voudrait approfondir, rechercher ou remonter aux sources, nous allons essayer de montrer en quelques lignes le but et l'utilité de la zootechnie agricole.

La manière la plus simple et aussi la plus juste de

se représenter les animaux domestiques tels qu'ils sont exploités dans la ferme, c'est de les envisager comme des machines bien organisées dont le jeu des différents organes s'exerce selon des règles coordonnées nettement délimitées. Cette représentation n'est du reste pas nouvelle. Baudement, le créateur de la zootechnie, s'est plu le premier à rapprocher les animaux des machines et après lui le professeur Sanson, ne trouvant rien de plus exact, continua la thèse de Baudement, tout en l'élargissant. La précision de la méthode y a gagné. Cette théorie subsiste encore, c'est la préférée des auteurs modernes, c'est la mieux fondée par sa vraisemblance.

En effet, les animaux, au même titre que des machines, transforment les produits absorbés en d'autres produits perfectionnés que l'industrie humaine recherche tant par leurs variétés que par leurs qualités spéciales. Comme les machines ouvragées par la main de l'homme, les animaux consomment puisqu'ils mangent. Le résultat du travail de l'absorption équivaut, en premier lieu, à la formation de chaleur si nécessaire et même indispensable aux autres fonctions animales. C'est ce résultat qui est visé lorsque, à l'aide d'un combustible, l'on chauffe une machine inerte, en vue de sa mise en marche. En somme, l'une et l'autre demandent pour produire un premier facteur, la chaleur, qui leur permettra de continuer leur série de transformations tout en fournissant un produit en échange d'une certaine avance.

Comme les machines aussi, les animaux sont composés de parties bien distinctes dont un certain ensemble tendant aux mêmes fins a été nommé par la science anatomique : *un organe*. Plusieurs organes constituent une machine et, suivant le degré de perfection des organes, la machine devient plus sensible, mieux appropriée, plus capable d'un rapport combiné et soutenu. Remarquons ici que, pour ne pas avoir été construites par l'homme, les machines animales sont plus raffinées que leurs concurrentes industrielles. Dans un certain ordre d'idées, on peut admettre que celles-ci possèdent également, avec un perfectionnement plus ou moins heureux et dans une mesure variable, les fonctions universelles nommées en histoire naturelle des corps organisés : nutrition, sensibilité et locomotion. Pour mériter le titré de parfaites il manque à leur tout la quatrième fonction, non la moins importante : la reproduction, fonction qui caractérise la race.

La Zootechnie étudie ces quatre fonctions d'abord isolément, puis elle les met en comparaison afin de mieux enchaîner les relations qu'ont entre eux les organes. La reproduction, spéciale au genre, comporte des développements assez considérables d'autant que les méthodes généralement suivies sont variées, et que les résultats peuvent être encore plus variés, malgré la loi fondamentale des espèces : *le semblable engendre le semblable.*

Il convient néanmoins de ne pas étendre outre mesure la comparaison des deux machines entre elles. Elles possèdent des différences importantes. La machine façonnée ne peut fonctionner que quand sa construction est complètement terminée ; la machine animale, construite par elle-même, marche dès sa naissance de la même façon et sous les mêmes lois qu'à la fin de son existence. Pour bien utiliser cette machine animale il faut à tout moment en surveiller les phases diverses de la vie, tantôt les accélérer, tantôt les retarder. Suivant *l'adaptation*, elle peut atteindre son maximum a tel ou tel âge qui souvent n'est pas l'âge préféré pour la multiplicité et la valeur des produits. Là encore la zootechnie prévient et ordonne ; elle invite à suivre deux principes généraux, bases du système à appliquer : la *spécialisation*, un seul genre d'emploi, et la *perfection*, c'est-à-dire, la meilleure, la plus exacte appropriation des aptitudes de l'individu aux fonctions de l'économie.

Dans le choix des animaux de la ferme, la spécialisation et la perfection seront d'un précieux secours pour la sélection la plus parfaite, la plus sûre, la plus durable et la plus rémunératrice. Quand il aura été décidé que tel ou tel animal sera *spécialisé* en vue du lait, du travail, de la laine, de la chair, etc., dans la ferme même, le cultivateur pourra, petit à petit, retrancher les sujets les moins avantageux pour ne conserver que les meilleurs. Par cette sélection il se rapprochera de plus en plus de la *perfection* pour atteindre le maximum de produits avec le minimum d'efforts et de frais.

Ce n'est pas tout. Continuant notre examen et pour nous servir de l'expression si vraie du professeur Sanson, nous ne devons pas oublier que l'animal de ferme devient aussi « *machine à fumier* ». Pour ne pas être gracieuse, l'expression n'en est que plus réelle. Chacun connaît, même sans être agriculteur, combien la production du fumier est recherchée. Sans fumier pas de récoltes, pas d'herbe ; sans récoltes pas d'exploitation possible. On pourrait peut-être objecter avec George Ville que la pratique des engrais chimiques élimine la production du fumier, partant plus d'ennui avec l'entretien du bétail. La production de l'humus se ferait par des apports directs sur les terrains à fumer. Mais, depuis, on sait combien cette exclusive et trop scientifique pratique devient onéreuse rapidement. A chaque instant, on le constate, l'azote est le plus cher des engrais, c'est aussi le plus utile et celui qui est obtenu avec les animaux de la ferme au plus bas prix. En outre de la valeur fertilisante, le fumier conserve et donne à certains sols du domaine agricole des propriétés physiques que les engrais d'essence chimique, au contraire, détruisent. Par l'épandage du fumier, les instruments aratoires exécutent dans les meilleures conditions les travaux à pratiquer sur le sol arable, travaux fondamentaux ou d'amélioration qui tous sont alors exécutés rapidement et économiquement. Le sol plus ameubli, travaillé plus profondément, mieux aéré, active la nitrification et la décomposition organique des éléments à mettre en œuvre. C'est là tout un enchaînement de la production végétale qui a son point de départ dans la production de la machine animale.

La production animale est donc la cheville ouvrière de l'exploitation rurale et retenons bien que plus une ferme nourrit son bétail avec des aliments appropriés à leurs besoins, à leur vocation, plus les résidus excrémentiels sont riches. Plus les résidus — c'est-à-dire le fumier — sont riches, plus les récoltes sont prospères. Plus les récoltes sont abondantes en qualité et en quantité plus on peut entretenir de bétail ; or plus il y a de bétail plus il y a de fumier, point de départ et point final à la fois.

La zootechnie n'apprend pas comment le fumier transforme les récoltes, mais elle nous dit pourquoi le fumier est d'autant plus riche que les aliments sont riches et assimilables. Par ces principes elle conduit à l'étude des matières alimentaires dont la bonne utilisation sera toujours avantageuse au domaine agricole.

Si le bétail est nécessaire, *un mal nécessaire*, pour mieux moderniser, encore faut-il savoir le produire, le faire produire et l'entretenir dans des conditions rémunératrices.

Le choix des animaux rendra dans cet ordre d'idées les plus heureux bienfaits. Savoir choisir un animal, c'est savoir augmenter ses ressources sans craindre les mécomptes de l'avenir.

Nous ne voulons pas considérer ici l'entraînement ou le sport, assez pratiqué en France et en Angleterre surtout, qui tend à la production recherchée des animaux, dans l'espérance d'un trophée à enlever dans les concours. Par expérience, nous savons combien ce genre de sport, comme tous les sports du reste, est onéreux. En outre des débours des frais de route, la production ainsi comprise n'a jamais rapporté rien à personne, exception faite toutefois de certains éleveurs réputés à qui il suffit de faire figurer leur nom dans une exposition pour obtenir une prime parfois élevée. A force de courir aux concours, ces privilégiés y trouvent leur compte. C'est un tremplin de commerce qui leur permet d'élever le prix de vente des animaux de ligne. Nous ne parlons pas de cette catégorie privilégiée, nous parlons de la totalité des éleveurs ou des agriculteurs s'appliquant à rechercher dans l'exploitation de leur entreprise au moins le juste équivalent de leur labeur.

Les agriculteurs doivent s'exercer non à la recherche des meilleures méthodes, c'est le travail de laboratoire des zootechniciens, mais à l'application des principes formulés par ces derniers. Par ce moyen nos agriculteurs sont sûrs d'obtenir de bons résultats et de grands avantages ; les déconvenues ne sont guère possibles. On en rencontrera sans doute une par-ci, une par-là ; comme en toutes choses, la zootechnie comporte des exceptions de règles, de formules.

D'une manière actuellement bien comprise, la zootechnie dira aux agriculteurs comment obtenir tous les produits animaux : lait, chair, graisse, force motrice ; comment et dans une certaine limite, utiliser les dérivatifs : dépouilles, laines, poils, peaux, cornes, suif, os et excrétions, produits qui servent de matières premières aux manufactures ou qui sont susceptibles d'être transformées sur place, si la ferme se trouve dans un milieu peu favorisé en industrie ou en moyen de transport. Il est évident que la zootechnie ne peut indiquer les procédés les plus rationnels à suivre en vue de la transformation de tous ces produits animaux. Ce n'est pas son rôle, que la technologie et la chimie agricole se réservent.

Comme on le voit par le rapide exposé qu'on vient de lire, les questions zootechniques sont nombreuses et se multiplient à mesure que les détails sont pris en considération. Nous ne pouvons, bien entendu, entrer dans les détails qui ne sont pas directement dans le cadre de notre ouvrage. En cas de besoin le lecteur pourra, à l'aide de nos données générales, se reporter facilement aux ouvrages spéciaux de zootechnie et de zoologie. Ici nous insisterons sur l'importance qui doit être attribuée au choix des différents animaux de la ferme tout en n'utilisant que les connaissances zootechniques faciles à être mises en pratique par tous les cultivateurs. Pour arriver au résultat que nous désirons atteindre, nous rassemblons toutes les connaissances méthodiquement et les analysons au fur et à mesure en n'ayant toujours en vue que la sélection des animaux sans avoir à exposer à fond toutes les questions que nous sommes obligé d'aborder.

II. — Valeur réelle et valeur relative des animaux.

Tout animal possède une valeur réelle, quelquefois seulement une valeur relative. Par *valeur réelle*, on entend le prix marchand, c'est-à-dire le prix que serait payé l'animal s'il était présenté sur un champ de foire sans être connu de personne. L'acheteur lui donnerait un prix qui ne serait autre que la valeur réelle. La *valeur relative* est différente, elle est surtout conventionnelle. Elle comprend la valeur réelle plus une certaine valeur provenant du milieu, de la race, du pedigree, des performances, du dressage, etc., de l'individu. Quelques sujets de « tête » ayant à leur actif de nombreuses et importantes récompenses ont été vendus plus de cent mille francs, non pour leur valeur purement réelle, mais pour la valeur relative à leurs exploits et à leur lignée.

Il n'est pas possible d'établir un barême des prix concernant les valeurs réelle et relative des différentes espèces d'animaux qui peuplent la ferme. Un développement semblable serait forcément long et ne donnerait que de très vagues appréciations (1).

Les animaux de la ferme, quoique n'atteignant pas, en général, les prix donnés aux étalons remarquables, de pur sang par exemple, obtiennent des prix assez élevés. Cela par plusieurs causes qui font varier les prix quelquefois du simple au double.

En premier lieu, les prix des animaux peuvent varier par suite de l'influence atmosphérique. Ainsi dans une année où il y a abondance d'herbes, les prix des animaux sont plus élevés qu'à la même époque d'une autre année où, au contraire, l'herbe

(1) Voir aussi page 78.

serait en petite quantité. Ordinairement, pour les vaches laitières, c'est vers la mi-novembre et décembre, puis au printemps (si l'herbe ne vient que tard) que les vaches sont au plus bas prix. Au printemps, les génisses à dent de lait et amouillantes se vendent toujours bien. En hiver, il vaut mieux avoir des vaches à dents permanentes ; elles sont plus faciles à placer pour les marchands dans les centres populeux. Les saisons possèdent donc une grande influence en ce qui concerne l'échelle des prix.

Suivant la pureté des races, les vaches comme les chevaux et autres animaux montent de prix par rapport aux races croisées ou aux races bâtardes. Suivant que les vaches seront dans des centres d'élevage de races plus ou moins choisis, les prix monteront ou descendront.

Les animaux ont un prix d'autant plus élevé qu'ils se rapprochent de l'époque de leur plus fort rendement. L'âge possède une grande influence sur les variations : un cheval de cinq ans se vendra plus cher qu'un de qualités équivalentes ayant 2 ans ou encore 10 ans.

Ce ne sont pas les seuls cas pouvant donner des différences dans le prix des animaux. Une femelle pleine sera plus cher que la même si elle n'était pas en état de gestation. Plus la bête se rapprochera de la parturition plus elle aura de valeur. Cependant ici il faut distinguer entre les valeurs, car elles ne sont pas les mêmes pour tout le monde. Une vache venant de vêler, par exemple, vaut plus cher pour un nourrisseur ou une exploitation purement laitière que si la vache n'était pas délivrée. C'est l'opposé pour un fermier qui tirera le bénéfice du nouveau-né. Il y a là une question d'appréciation spéciale par suite des aptitudes de la bête et du développement de sa production. Une laitière sera achetée, non suivant son poids et celui présumé qu'elle atteindra au bout d'une certaine période, comme cela a lieu pour une bête d'engraissement, mais d'après le volume du lait qu'elle donnera, sa richesse et la durée de la lactation.

Inutile de dire que la présence d'une ou plusieurs tares, ou défauts quelconques, sont autant de causes de variation de valeur.

Les principales raisons que nous venons de donner suffisent pour faire comprendre combien serait inutile un barême fixe. Et pour répondre à une question souvent posée au sujet d'une entente entre les cultivateurs-éleveurs, nous dirons qu'il est impossible que des cultivateurs s'entendent et se fondent, en une espèce de syndicat de vente d'animaux de leur région, avec des prix fixes, convenus d'avance, après avoir pris en considération : l'âge, le poids, l'aptitude et la performance de chaque bête. La première, et la plus importante raison, c'est que les éleveurs n'admettent jamais que leurs produits soient taxés d'avance et ensuite, faut-il que l'acheteur possède les mêmes goûts que le vendeur et la même appréciation.

Pour les animaux de boucherie les bases d'appréciation sont moins variables. Ces animaux sont vendus au poids vif ou au poids net; et la viande, suivant le degré d'engraissement et de finesse, est vendue au kilogramme. Les mercuriales seront dans ce cas avantageusement consultées. Mais il faut se souvenir que les saisons, l'abondance des produits, les tarifs protecteurs, le manque d'herbes ou de grains, le régime de pâturage ou de stabulation font subir aux cours des différences appréciables. Il en est de même pour ce qui concerne les époques ou les lieux de vente. Ainsi au moment où les plages battent leur plein les viandes de qualité obtiennent des prix considérables, parce que les bouchers sont obligés d'aller chercher dans les alentours les morceaux de choix réclamés par la clientèle riche de passage, leur approvisionnement ordinaire ne pouvant suffire. Les cours s'établissent petit à petit dans toute la ville et les alentours suivent généralement la hausse.

Dans le chapitre précédent nous avons parlé des « animaux de concours ». Ces animaux obtiennent des prix élevés par suite de la clientèle un peu spéciale qui en fait la demande. Parmi la clientèle figurent les étrangers qui ne reculent devant aucun sacrifice pour acquérir des fondateurs de troupeau hors ligne et aussi les amateurs riches des châteaux ou autres grands domaines. En Amérique, par exemple, dans la République Argentine notamment, les chefs de troupeaux achètent de temps en temps des reproducteurs de choix qu'ils lâchent en liberté avec le restant du troupeau vivant à l'état demi-sauvage. Le troupeau se trouve avantageusement régénéré de temps à autre ce qui évite les méfaits de la consanguinité mal surveillée et appliquée. Dans les concours généraux agricoles de Paris, on sait quels prix atteignent les sujets de tête convoités par les acheteurs étrangers.

III. — Définitions.

Quelques définitions nous semblent indispensables pour le lecteur afin de le mettre au courant de certains termes, plus ou moins nouveaux, qui, à chaque page, reviennent dans les livres, les revues et les journaux aussi bien que dans les discussions et les conférences agricoles.

Le *Pedigree* ou descendance n'est autre que l'arbre généalogique d'un animal, surtout reproducteur, sur lequel figurent les mérites, les performances de ses ancêtres. Suivant une expression admise, c'est, en un mot, l'ensemble de ses titres de noblesse.

Quand on achète une bête de prix, ou tout au moins de race pure, il faut exiger la communication certaine du pedigree de la bête.

Le *livre généalogique* d'une race est constitué par la réunion de tous les pedigrees concernant les animaux d'une même race. Ce livre se divise actuellement en deux registres ainsi dénommés :

Stud Book (livre d'écurie) pour les chevaux, les juments et leurs produits.

Herd Book (livre d'étable) pour les Bovidés.

Types céphaliques. — Le type céphalique est obtenu pratiquement par l'aide de deux lignes droites ainsi formées : l'une réunit la base de la corne à la partie

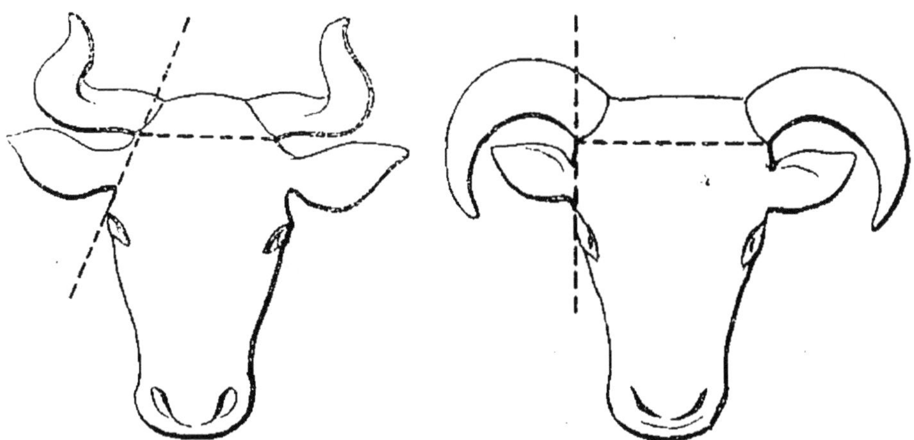

Fig. 1.— Type dolichocéphale. Fig. 1 *bis*. — Type brachycéphale

saillante de l'orbite de l'œil situé du même côté, la seconde réunit la base des deux oreilles ou des deux cornes par-devant la tête. Quand la première ligne est verticale sur la seconde, la bête est dite *brachycéphale* (crâne court), si au contraire elle est oblique, plus ou moins déviée à l'extérieur, la bête est *dolichocéphale* (crâne long), la ligne réunissant les deux oreilles est plus courte que la première ligne quand, au contraire, chez le type brachycéphale, la ligne des oreilles est plus longue que la ligne réunissant la base de la corne à l'orbite.

Vocations. Les vocations des animaux de la ferme désignent les services auxquels ils sont utilisés et destinés ou encore adoptés. On distingue trois types principaux de vocations :

1° La vocation masculine (production de travail, de force) ;

2° La vocation féminine (production du lait, du beurre, du fromage) ;

3° La vocation neutre (production de la viande, de la graisse).

Hétérométrie ou Variations de format. — Les animaux de chaque espèce ayant un poids vif considéré comme poids moyen de l'espèce sont dits : *eumétriques.*

Par suite, les animaux dépassant considérablement le poids moyen sont dits *hypermétriques* et ceux qui sont en dessous de ce poids, *ellipométriques.*

Anamorphose ou Variations des proportions

générales. — On considère dans les proportions d'un animal trois dimensions : largeur, longueur et épaisseur. Le type moyen de chaque animal dans chaque race par rapport à ses dimensions est dit *médioligne*, l'animal a des proportions moyennes entre la longueur, la largeur et l'épaisseur.

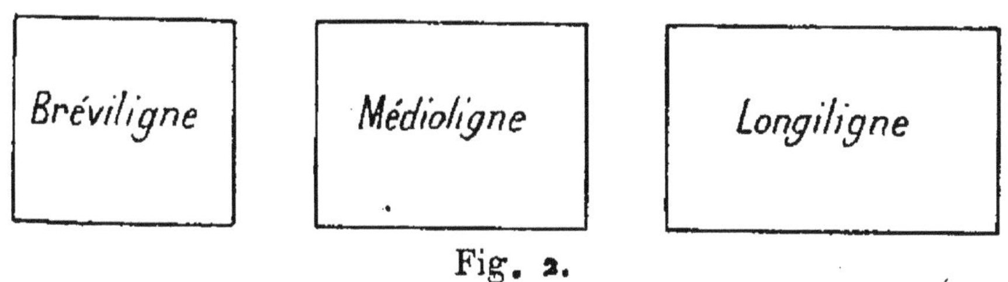

Fig. 2.

Quand l'animal donne une impression d'allongement, c'est-à-dire si la longueur est plus grande que la proportion normale, l'animal est *longiligne ;* quand l'animal donne une impression de raccourcissement, la longueur est réduite et l'animal est dit *bréviligne.*

CHAPITRE PREMIER

CHOIX DE L'ANIMAL EN MOUVEMENT

Le déplacement de tout animal peut donner à l'acheteur des renseignements précis. Nous allons exposer assez longuement dans ce chapitre toutes les particularités qui sont les plus indispensables à connaître. Quoique nous allons surtout parler en faveur du cheval, bien des données peuvent s'appliquer aux autres animaux de la ferme. Les vendeurs y trouveront les moyens pratiques de faire valoir au mieux leur marchandise, les acheteurs pourront mieux apprécier la valeur et le développement des sujets qui leur seront montrés. Ils connaîtront en outre la signification des termes et formules hippiques, si employés par les marchands.

I. — Généralités. — Définitions.

Si le centre de gravité d'un animal se trouve porté sur une certaine partie de sa base de sustantation, la partie la plus lourde supporte un effort direct, une pesée inverse de la partie momentanément allégée. L'équilibre se trouve rompu et l'animal prend une nouvelle position. Ce changement de position, exécuté selon des lois encore peu déterminées des hippologues, subit des variations de forme et de vitesse. Le mouvement s'opérant pendant un certain temps dans les mêmes conditions devient *uniformément varié*. Au contraire, il devient *rompu*, *irrégulier*, si les développements s'exercent par à-coups. La série des mouvements du corps est désignée actuellement par *quasi-allures*, le corps restant sur place malgré les mouvements exécutés, et par *allures*, l'animal gagnant du terrain progressivement.

Les quasi-allures sont peu importantes à considérer dans la variété des animaux de la ferme. C'est surtout pour le cheval que cette étude nécessaire devient précieuse. Le cheval, en effet, est *tractionneur* ou *épauleur*, *porteur* ou *endosseur* suivant le service demandé, suivant la spécialisation de la race et le degré avancé de son âge, suivant sa perfection zootechnique ou sa vocation. Au début de la vie le cheval est d'abord apprécié comme un moteur à vitesse, un tractionneur d'autant plus recherché que ses moyens de locomotion, c'est-à-dire ses allures, seront nettement définies, rapides et exemptes de défauts tout au moins constitutionnels. Cela dénotera un animal vigoureux, bon d'extérieur, le moindre défaut, la moindre faiblesse se faisant rapidement voir par l'œil exercé. L'inspection rigoureuse des allures chez les autres quadrupèdes ne se pratique ordinairement pas. C'est du reste, à notre avis, un tort, car les bovins, par exemple, peuvent être appelés à fournir un travail automoteur d'une certaine importance et la facilité du travail à effectuer sera toujours en rapport avec le bon développement des allures. Dans la mise en marche de la bête, certaines défectuosités sont susceptibles de fournir des indications précieuses sur la qualité du moteur. C'est ainsi que l'observateur se rendra compte des affections rénales, des vices articulaires, de la raideur de la colonne vertébrale, de la tendance à l'immobilité, etc... La vérification des aplombs est aussi plus aisée.

Au point de vue du mécanisme, on se borne à diviser les allures en deux groupes : les *allures sautées*, si le corps reste un moment, si court soit-il, en suspension au-dessus du sol ; les *allures marchées*, dans lesquelles le corps ne quitte pas le sol, il s'appuie toujours sur un membre au moins. Les chocs que le cavalier peut ressentir sont nommés *réactions*.

Le pied en se posant sur le sol marque un bruit appelé *battue*. La trace laissée par le membre appuyé se nomme *foulée*, elle dure tant que le membre reste à *l'appui*. La *longueur du pas* s'apprécie par la distance laissée entre deux foulées d'un même membre.

On divise encore les allures en plusieurs catégories : elles sont molles ou énergiques, naturelles ou artificielles, lentes ou rapides, agréables ou désagréables, légères ou lourdes, dures ou douces, rythmées ou mal cadencées, régulières ou irrégulières. On les nomme diagonales ou latérales suivant que les membres se déplacent par bipède diagonal ou latéral. Il faut se souvenir que le *bipède* désigne la réunion de deux membres considérés pendant une action simultanée à laquelle ces deux membres participent. On peut avoir à considérer le bipède antérieur (2 pieds de devant), le bipède postérieur (les 2 membres de derrière), le diagonal droit (pied droit de devant et pied gauche de derrière), le diagonal gauche (pied gauche de devant et pied droit de derrière), le bipède latéral droit (pied droit de devant et d'arrière), le latéral gauche (pied gauche de devant et d'arrière).

L'animal en partant *entame* l'allure. C'est en somme le premier mouvement fait pour la mise en marche, il dépend de la position de la tête déterminante du point d'application du centre de gravité. L'allure peut être entamée à la main ou hors la main, suivant la place occupée par le membre qui se déplace le premier en obéissant à la pesanteur occasionnée par la poussée à droite ou à gauche du centre de gravité.

Le développement de chaque membre se fait à l'aide d'oscillations : le membre porté en avant quitte le sol (*lever*) et prend sur le sol un point d'appui (*période de soutien*). Le membre alors se déplace autour du point de soutien, d'arrière en avant, c'est la *période d'appui* ou *poser*. L'exécution complète du lever et du poser constitue un *pas* que Lafon définit ainsi : Le pas est l'ensemble des actes compris entre deux posers ou deux levers consécutifs d'un membre ou, plus généralement, l'ensemble des actes compris entre deux phases identiques et successives des mouvements d'un même membre. C'est aussi le terrain embrassé par un membre dans chacune des oscillations de soutien.

Avant de commencer l'étude détaillée des allures, il convient de passer en revue les quatre positions intermédiaires appelées par certains hippiâtres : les quasi-allures. Ce sont : la ruade, le cabrer, le saut et le reculer. Sauf cette dernière, les quasi-allures ont lieu sur place, l'animal ne gagne pas ou presque pas de terrain.

II. — Quasi-allures.

Ruade. — Elle consiste dans la flexion en arrière du bipède postérieur. La partie inférieure du membre agit en suivant une ligne oblique de bas en haut. Les muscles de la jambe se contractent et déterminent la détente brusque et instantanée du jarret. Exécutée par un seul membre, droit ou gauche, la ruade prend le nom de *coup de pied simple*. Chez le bœuf la détente se produit en sens inverse du cheval et un peu sur le côté. Il est vrai que cette attaque n'est pas particulière aux bovidés, certains chevaux l'exécutent assez bien, ils ruent ou tapent « en vache ».

La ruade à deux pieds ou *ruade double* est très dangereuse, surtout lorsque l'objet touché se trouve à bout de jambe de l'animal. Plus énergique que la simple, la double ruade est cependant plus facile à parer. Il faut au cheval une préparation préliminaire pour pouvoir l'exécuter dans toute sa plénitude. Avant de ruer, le cheval prévient souvent par quelques signes d'impatience : cris, battements de queue, couchage des oreilles, piétinement, etc... La ruade simple n'entraîne en général aucun avertissement, elle est plus vite donnée. Par prudence, on ne doit pas aborder un animal sans l'avoir prévenu, sans s'être assuré de sa position exacte. Surprendre un animal, même très doux, c'est s'exposer à recevoir le coup de pied que le cheval ne mesure pas toujours, si, comme l'ont démontré certains auteurs, le cheval se trouve à ce moment obéir à un simple mouvement réflexe.

Par suite de la position anormale du corps, la ruade est de très courte durée. Néanmoins, le cheval peut l'exécuter au galop comme au pas. Quand l'allure est rapide la ruade devient dangereuse pour la stabilité de l'animal ; il arrive parfois que l'équilibre est rompu par suite de la violence du déplacement du train postérieur en dehors de la ligne d'appui. Cette partie devient immédiatement plus lourde et l'animal se retourne sur lui-même, le train postérieur, plus ou moins sensiblement, se renversant sur l'avant-main.

On empêche le cheval de ruer en lui maintenant la tête toujours bien en l'air. La ruade, en effet, ne peut s'opérer que si le corps bascule sur les membres de l'avant-main qui servent d'appui et permettent aux membres postérieurs de quitter le sol. Si la tête et l'encolure ne peuvent s'abaisser de façon à faire contre-balance, le corps de l'animal ne peut pas basculer et la ruade devient impossible.

On empêche encore un cheval de ruer en levant un des membres antérieurs. Le corps ne pouvant basculer sur un seul membre de devant, les membres de derrière ne quittent pas le sol, leur appui est devenu indispensable pour la station. Les courroies d'arrêt ne sont pas de bon usage dans bien des circonstances. Sur certains chevaux leur efficacité est nulle si le cheval conserve la liberté de baisser la tête à volonté. Le cheval rueur doit être attelé seul ou avec un autre cheval ayant déjà le défaut. Nous avons eu le regret de constater ce défaut sur tous les chevaux d'une écurie devenus plus ou moins rueurs par suite de l'introduction de quelques chevaux habitués à ruer dans les attelages à propos de tout.

Cabrer. — Dans le cabrer, le cheval se dresse sur les pattes d'arrière-main en levant le train antérieur. Cette position est évidemment pénible et ne peut être de longue durée. Chez certains chevaux, le cabrer devient une réelle manie, presque un tic. On voit dans les salles hippiques des chevaux se tenir complètement droits. Le cavalier tend à réprimer cette position qui peut devenir dangereuse si l'animal se cabre violemment, la bête peut retomber sur le dos, surtout si les pattes de derrière viennent à glisser le moindrement.

On doit empêcher le cheval de se cabrer afin d'éviter les inconvénients regrettables, notamment l'apparition des vessigons, la déformation des boulets. Dans les chevaux de prix, chez les jeunes particulièrement, quand ils errent dans les pâturages, on ne peut remédier bien souvent à la tendance du cabrer que par la castration opérée dès le jeune âge.

Les animaux domestiques se cabrent avec plus ou moins de facilité. Le chien, le mouton, la chèvre, le bouc se cabrent très aisément ; ils peuvent marcher dans cette position uniquement à l'appui sur les membres postérieurs. Le porc, le bœuf ne s'enlèvent sur leur arrière-main que pour franchir un obstacle quelconque. L'âne et le mulet ne se cabrent jamais lorsqu'ils sont montés. Certains observateurs attribuent ce fait assez surprenant à la docilité, d'autres auteurs affirment que la conformation du squelette et l'action du système musculaire dorsal sont peu favorables à l'action du cabrer.

Bond ou saut de mouton. — C'est plutôt une gaieté du premier âge chez les quadrupèdes. Elle consiste dans l'action successive de la ruade et du cabrer en un espace très court. L'animal ne bouge pour ainsi dire pas de place. Quelquefois le corps se tourne un peu et fait alors un *écart*. Pour être bien exécuté le bond doit se produire quand l'animal est en liberté, délivré de toute entrave.

Saut. — C'est en réalité un bond plus espacé de rythme. Les mouvements successifs, quoique rapides, sont plus espacés. L'effort à donner pour franchir l'obstacle est proportionné à la hauteur et à la largeur de cet obstacle. Tout le poids du corps se trouvant déplacé du sol, le saut demande à l'animal une dépense de force assez considérable. Il faut de la vigueur et de la souplesse. Tous les bons chevaux sautent, plus ou moins bien il est vrai. Pour que cette qualité soit utile aux besoins de l'homme, un entraînement sérieux et suivi est obligatoire et plus l'animal joindra d'intelligence à ses qualités physiques, plus les résultats seront rapidement obtenus. Quelques races chevalines sont prédisposées pour le saut, notamment le chasseur Irlandais.

On distingue le saut en hauteur, le saut en largeur, le saut de bas en haut, de haut en bas. Ces variétés ont lieu soit de pied ferme, soit dans l'allure en avant, trot ou galop.

Reculer. — L'animal marche en arrière. Cette locomotion est peu aisée. En liberté il est rare d'observer un animal dans le reculer. Ordinairement l'animal tourne et ne recule pas. On peut donc croire que cette quasi-allure n'est pour ainsi dire pas naturelle. Plus les animaux reculent rapidement, plus ils sont contraints d'abaisser la tête et l'encolure. Pour la réussite de certaines pièces de cirques, les dresseurs arrivent sans trop de difficultés à faire reculer les animaux à différentes vitesses, sur différentes lignes et pendant une assez longue durée. Comme nous le verrons dans la suite de nos études, le reculer doit être exigé du cheval à acheter; les raisons sont nombreuses, nous les indiquerons en temps voulu.

III. — Allures proprement dites.

a) ALLURES NATURELLES

Pas. — Allure naturelle, marchée, la moins rapide, la plus ordinaire et la moins fatigante. De préférence à toute autre allure, les animaux vont au pas lorsqu'ils ne sont pas contraints de forcer leur vitesse de déplacement. Cela se comprend aisément, le pas s'effectuant sans peine, sans grands efforts ; il ne peut pas causer de grosses fatigues dans le travail journalier ordinaire. Le pas peut être plus ou moins rapide suivant la conformation, la race des animaux. Sa vitesse modérée le fait rechercher, de préférence à une autre plus accélérée, pour les animaux de travail. C'est un facteur important à considérer dans l'achat de la bête.

L'impulsion du pas est donnée par le membre postérieur opposé en diagonale au membre antérieur qui, le premier, quitte l'appui, de sorte que les appuis se font dans l'ordre suivant : membre antérieur droit, postérieur gauche, antérieur gauche, postérieur droit. Cette allure est donc diagonale et les quatre membres arrivent successivement à l'appui, en laissant entendre 4 battues également séparées les unes des autres.

Dans le pas modéré, les battues sont égales et les appuis ont la même durée. Si la vitesse augmente, les battues deviennent plus rapprochées et tendent au

Fig. 3. — Le pas.

groupement par couples, c'est-à-dire deux latéraux ou deux diagonaux.

On a alors à apprécier une allure intermédiaire entre le trot et l'amble suivant que les appuis diagonaux ou latéraux se trouvent augmentés. Au pas ordinaire, un cheval fait environ 100 mètres à la minute, ce qui équivaut à 6 kilomètres à l'heure.

Trot. — Il est inutile de rappeler ici les discussions sans fin sur la question de savoir si le trot est une allure naturelle ou artificielle. Certains auteurs ont prétendu qu'un animal ne pouvait soutenir le trot et que ce n'était qu'une allure intermédiaire entre le pas rapide (pas relevé) et le galop. En effet, si on abandonne un jeune cheval à ses volontés, on ne le verra prendre le trot que pour passer au galop ou pour revenir au pas. Les entraîneurs savent de leur côté combien il est difficile de faire trotter deux chevaux attelés ensemble de front sans qu'au bout d'une vingtaine de pas il y en ait un qui prenne le galop.

En examinant de près l'animal en mouvement, il est facile de remarquer que tous les animaux sans exception trottent. Ce serait peut-être une preuve que le trot n'est pas une allure artificielle. Le chien trotte, le chat trotte, l'écureuil, le mouton, le blaireau, l'âne, le bœuf... trottent.

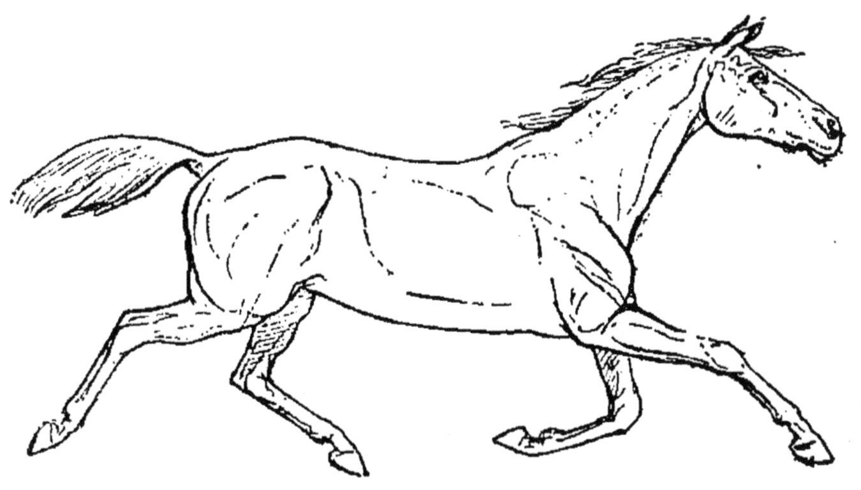

Fig. 4. — Le trot.

Le trot n'est pas la plus rapide des allures, c'est assurément la plus jolie, la plus gracieuse. Bien régulier on ne doit entendre que deux battues se succédant à des intervalles rythmés et frappant le sol par bipèdes diagonaux simultanément. Cette allure sautée demande pour être très élégante une conformation des membres un peu spéciale. Des avant-bras courts remontent de leur point d'appui la position des pieds ; en revanche, les battues seront plus accusées. Le pied du cheval s'en ressent et si cette conformation est exagérée, comme dans le trotteur « steppeur », il est prudent d'amortir la battue en disposant, entre le fer et la sole, une rondelle de caoutchouc ou de cuir. Les avant-bras longs baissent un peu la ligne d'élévation des pieds en suspension et si l'allure semble moins dégagée elle n'en est que plus rapide.

Suivant leur degré de rapidité, on distingue le trot ordinaire, le petit trot, le grand trot ou trop allongé et le flying-trot ou trot de course.

Dans le *trot ordinaire* les foulées postérieures couvrent les foulées antérieures. Dans le *trot allongé* le pied de derrière se porte un peu en avant de la foulée antérieure. Dans le *petit trot* la foulée postérieure reste toujours nettement derrière l'antérieure. Le *flying-trot* ou trot de course est encore plus rapide que le trot allongé. Les battues diagonales sont un peu dissociées comme dans le traquenard et on ne perçoit plus le rythme régulier des deux battues semblablement espacées. Un cheval ordinaire de 6 ans peut faire de 12 à 16 kilomètres sur route avec voiture. Les vitesses plus élevées, particulièrement en terrain accidenté, ne peuvent être soutenues sans dommages pour la virilité de la bête. Pour obtenir de plus grandes vitesses, il convient d'atteler dans des conditions un peu spéciales, tout en les réservant pour la piste. On abaisse alors le temps du kilomètre dans de sérieuses limites. C'est ainsi que, pour être admis au concours international de Vincennes au trot, il fallait que le cheval ait pu passer le kilomètre, au plus, en une minute quarante, ce qui représente une vitesse de 36 kilomètres à l'heure.

Le cavalier monte ou trotte à gauche s'il retombe sur la selle au moment de l'appui du bipède diagonal gauche; il trotte à droite dans le cas inverse. Cette distinction n'a lieu, bien entendu, qu'au *trot à l'anglaise*, dans lequel le cavalier saute une battue sur deux en se soulevant de sur la selle, d'une façon régulière, sur les genoux et les étriers.

Pour la longue route, le cavalier n'emploie pas le *trot assis* afin de ne pas fatiguer inutilement sa monture; il préfère la méthode dite à l'anglaise, avec laquelle toute latitude lui est laissée de changer la pesanteur de son corps successivement sur chaque bipède diagonal.

Galop. — C'est une allure sautée, la plus rapide du cheval. Elle comprend trois variétés : le galop ordinaire à trois temps, le galop de manège à quatre temps et le grand galop, ou galop de course, à deux temps allongés, le cheval semble accomplir une série de sauts. Voici comment Relier a observé le galop. L'allure étant entamée à droite, le cheval lève presque simultanément les membres antérieurs, le gauche un peu plus tôt; le droit, le suivant de très près, le dépasse en hauteur et en avant; le membre postérieur

Fig. 5. — Le galop.

gauche opère ensuite sa détente, chasse rapidement la masse sur son voisin de droite, qui, la supportant un instant, se détend et complète l'impulsion. Projeté en l'air, le corps est reçu successivement par le membre postérieur gauche, le bipède diagonal gauche et le membre antérieur droit; mais chassé de nouveau par le membre postérieur gauche le corps retombe de nouveau et se relève par le même mouvement de détente.

Lorsque la deuxième battue du bipède postérieur se confond avec la première du bipède antérieur, on ne perçoit distinctement que trois battues : c'est le *galop à trois temps;* si, au contraire, les battues ne se confondent pas, on perçoit alors 4 battues : c'est le *galop à quatre temps.*

Comme pour le trot, le cheval galope à droite ou à gauche suivant la place du membre antérieur, qui pose le dernier à droite ou à gauche. Afin d'éviter l'usure prématurée des membres antérieurs il faut opérer de temps à autre, en course, le changement de pied.

Quand le cheval galope sur le membre antérieur il regarde la piste, le galop est *juste;* il est *faux* dans le cas inverse.

La longueur du pas de galop est d'environ de 3 mètres 25 à 3 mètres 60; sa vitesse correspondante s'élève de 300 à 350 mètres par minute.

La vitesse du galop de course atteint parfois 15 mètres à la seconde, ce qui représente une vitesse de 54 kilomètres à l'heure.

b) ALLURES ARTIFICIELLES

Amble. — C'est l'allure naturelle du chameau, du dromadaire et de la girafe. C'est un genre de trot dans lequel chaque bipède latéral s'appuie et se lève successivement. On fait la plupart du temps acquérir cette allure aux jeunes poulains en entravant les membres de façon à ce qu'ils n'agissent que par bipèdes latéraux.

Il est à remarquer que par hérédité on peut trouver un cheval ambleur d'autant remarquable que sa lignée aura de ce côté quelques performances. Cette allure marchée est un peu perdue aujourd'hui en comparaison d'autrefois, où elle était si répandue, surtout pour les voyageurs en selle. La vitesse de l'amble est un peu inférieure au trot. Dans l'amble plus dégagé et nommé *amble sauté*, la vitesse augmente sensiblement, il existe une période de suspension entre les battues.

On peut même distinguer l'*amble rompu* de l'amble ordinaire. L'amble rompu tend à rompre la battue unique des bipèdes latéraux. Dans chaque bipède latéral, le pied postérieur prend position sur le sol avant l'antérieur de sorte que l'on arrive à distinguer quatre battues au lieu des deux de l'amble ordinaire.

Traquenard. — C'est une allure défectueuse qui prend aussi le nom de *trot désuni*, rompu ou décousu. Les battues diagonales sont désunies et, tantôt l'une, tantôt l'autre, frappent le sol sans conserver leur place ni leur régularité. C'est un signe d'usure ou de fatigue. Suivant l'expression admise en hippologie, le cheval traquenard *se berce et se roule sur ses branches;* quelquefois chez les jeunes chevaux conduits trop rapidement ou malmenés on rencontre ce défaut, assez difficile à corriger. La vitesse ne s'en ressent pas de beaucoup, mais la sûreté du pied et la solidité du train en souffrent énormément.

Pas relevé. — C'est le pas ordinaire plus précipité. Il est obtenu naturellement ou artificiellement, mais surtout artificiellement. Il ne suffit dans ce cas que d'entraver les deux membres d'un même bipède diagonal. L'allure est très douce au cavalier, elle sert d'intermédiaire entre le pas et le trot ordinaire. On perçoit 4 battues distinctement, mais elles ne sont pas aussi régulières que celles du pas ordinaire. Les chevaux qui conservent le pas relevé assez soutenu sont encore recherchés de nos jours sous le nom de *bidets d'allure* ou de haut pas. Ils sont devenus rares actuellement en Normandie et même en Bretagne.

Aubin. — C'est l'allure désunie du vieux cheval qui semble galoper du devant et trotter du derrière, ou vice versa. On rencontre aussi cette défectuosité chez les chevaux fatigués que l'on veut faire trotter ou chez ceux à faibles lombes.

IV. — Allures de manège ou airs de manège.

En matière hippique il est possible d'obtenir certaines allures régulières, fort jolies, mais qui restent du domaine pur de la haute école par suite des difficultés de la réussite. Un peu perdues de nos jours pour les allures vives et fondamentales, les allures de haute école furent appréciées et très étudiées. Parmi les principales renommées on peut citer le pas espagnol, le passage, la croupade, la ballotade et le piaffer.

Les airs de manège sont des modifications aux allures naturelles. Nous ne pouvons mieux décrire ces allures qu'en mettant sous les yeux des lecteurs la description qui en a été faite par l'éminent lieutenant-colonel E. Duhousset. Voici comment cet auteur expose sa description :

« Les allures de manège sont généralement exactes et choisies parce qu'elles donnent plus d'animation au sujet.

« On entend par *airs bas* ce qui constitue la haute école, c'est-à-dire toutes les figures que l'on fait exécuter au cheval sur deux pistes *au pas*, au *passage*, au *piaffer* ou au *galop*.

« Les *airs relevés* sont les *sauts* dans lesquels le cheval enlève les membres antérieurs, les postérieurs et même tous les quatre ensemble. On les désigne sous les noms de *pesade*, *courbette*, *croupade*, *ballotade capriole*.

« Le *piaffer* a les appuis du trot, avec les avant-bras plus haut et les pieds plus loin de terre, il se fait sur place.

« Le *passage* est un pas écourté et relevé qui tient du trot, les membres restent plus longtemps en l'air qu'au piaffer. Il faut, pour bien exécuter le passage, un animal parfaitement rassemblé et n'avançant que très peu à chaque temps.

« Dans la *pesade*, le cheval lève très haut son avant-main, comme pour le cabrer, et se prépare à la *courbette* ou succession de bonds dans lesquels les membres quittent le sol par paires et y reviennent ensemble.

« La *galopade* est un galop très raccourci en 4 temps qu'on arrive à exécuter presque sans gagner du terrain, il est plus enlevé de devant que le galop ordinaire.

« La *croupade* est un saut plus élevé que la courbette dans lequel le cheval retrousse les jambes sous le ventre en ployant autant et à la même hauteur les jarrets que les genoux.

« La *ballotade* est un saut comme la croupade, mais l'animal, au lieu de plier les jarrets sous le ventre, présente ses fers de derrière comme pour ruer, sans détacher la ruade comme dans la *capriole.* »

V. — Défectuosités.

Saut de pie. — Remarquable dans le trot désuni par un mouvement spécial du train postérieur qu'effectue le cheval. L'allure semble régulière et enlève la croupe quelque peu par saccades.

Raser le tapis. — Le cheval rase le tapis ou trotte bas, c'est-à-dire qu'il ne lève presque pas les pieds du sol. Le cheval est exposé à butter et on doit prendre bien garde de ne pas lui laisser la tête basse dans la marche.

Le cheval *trousse* quand il élève un peu démesurément l'avant-bras, par suite de la grande dimension du canon. C'est l'exagération du cheval steppeur et l'inverse de raser le tapis. Elle provient surtout du manque de longueur de l'avant-bras. Elle ralentit la vitesse et use la force en pure perte pour l'animal.

Le cheval *billarde* quand, en marche, il jette ses

membres en dehors de la ligne d'aplomb. Cela s'observe surtout pour les membres antérieurs. Les pieds perdent du temps à décrire une courbe en dehors.

Le cheval *forge* quand la pince des fers postérieurs vient frapper le fer du pied antérieur du même bipède latéral. Cette défectuosité devient préoccupante pour le cheval qui travaille à des allures vives. Ce défaut provient en grande partie de ce que le lever du membre antérieur est trop lent. Le choc devient en rapport de la vitesse et, outre le déferrage, il est à craindre des blessures de talon et même du tendon. C'est encore un défaut de conformation générale; nous en reparlerons plus loin dans la description du boulet du cheval (1).

Le cheval *se coupe*, s'atteint, se taille, s'entraille, quand le fer du sabot d'un pied frappe la couronne ou le boulet du membre correspondant. Cela peut se produire entre les membres gauche ou droit de chaque bipède antérieur ou postérieur. On doit en conséquence faire attention aux ferrures et aux irrégularités du sabot en y remédiant par des appareils de protection ou par une ferrure judicieusement comprise. Le cheval s'atteint si le canon ne prolonge pas le radius en ligne droite et fait avec celui-ci un angle qui se ferme en dedans et rapproche les 2 pieds de l'animal.

(1) Voir page 201.

Le cheval *steppe* si, au trot, il projette en avant les membres antérieurs fortement étendus. Le sol est frappé avec violence et c'est dans cette position que la battue se produit.

Quand au lever des pieds de derrière le jarret opère une flexion brusque entraînant le reste du membre, le cheval *harpe ;* on dit encore qu'il possède un *éparvin sec.*

Le cheval *se berce* si, dans l'allure, se produit un balancement latéral du corps bien dessiné, notamment dans la croupe. Chez les chevaux *grêles* le bercement indique la fatigue des articulations. Elle peut avoir pour cause la faiblesse ou l'âge. Chez les chevaux fatigués ou usés on rencontre aussi les *jarrets vacillants*, le *tour de reins*, le *tour de bateau* aussitôt que la partie postérieure est gênée dans le développement normal et régulier des mouvements propulsifs.

Le cheval *droit* d'allures est le seul capable de services durables et appréciables. Aussitôt qu'une faiblesse survient dans la rusticité des membres une gêne plus ou moins grande se traduit sans tarder : c'est la *boiterie*. Le cheval dès le début du mal *feint* aussitôt que l'appui manque de sûreté, de fermeté. Si la douleur augmente, la *boiterie simple* apparaît. Elle peut être *intermittente* (vice rédhibitoire) si elle apparaît plus ou moins régulièrement; *passagère*, le cheval boite à chaud, si l'irrégularité n'a lieu qu'une fois le moteur échauffé, ou à froid, quand la boiterie, manifeste au départ, se perd dans l'action, dans l'échauffement.

Le cheval *boite tout bas* quand il ne pose que très peu sur le membre malade; il *boite à 3 jambes* si l'appui du membre est impossible par suite de la trop grande douleur.

Le cheval *marche en ligne* si l'oscillation de chaque membre se produit bien dans le plan vertical parallèle au plan médian du corps. Il en résulte, outre la beauté de l'allure et la sûreté dans les mouvements, que l'on confond en une seule ligne chaque bipède latéral, qu'on se place en avant ou en arrière de l'animal en mouvement. Si les pieds s'écartent en dehors de la verticale, le cheval *panarde en marche ;* si les pieds au contraire se rapprochent, le cheval *cagne en marche.*

Le cheval *trotte sous lui* et marche comme sur des épines si les mouvements des membres manquent de développement et d'aisance. L'allure est resserrée, les battues répétées. Cette défectuosité provient surtout des épaules froides et chevillées.

Le cheval dont le mouvement est franc et rapide a *du tride.*

CHAPITRE II

CHOIX DES ANIMAUX DE LA FERME AU POINT DE VUE DE LEUR AGE APPRÉCIÉ PAR LA DENTITION

I. — Préliminaires.

Pour bien choisir un animal, la première des choses c'est de savoir apprécier l'âge.

Nous allons indiquer les moyens de reconnaître l'âge pratique des animaux de la ferme. Nous conseillons fortement la lecture raisonnée, réfléchie, des barêmes des âges avec les indications qui en découlent. Nous sommes sûrs qu'après s'être pénétré de nos données le lecteur saura apprécier rapidement l'âge.

Ce n'est pas difficile, malgré les complications qui semblent se présenter. Il suffit d'un peu d'attention et de mémoire. Par expérience, nous savons que ces données *sont suffisantes* et que dans n'importe quel cas on ne peut se trouver embarrassé. Nous avons supprimé les données scientifiques peu lumineuses et qui ne serviraient qu'à compliquer la question. C'est un moyen pratique, purement pratique, que nous allons décrire.

Nous ne donnons que les principaux caractères pour chaque période afin de rester dans le domaine le plus clair et le plus vrai. Ces caractères sont amplement suffisants et sont à l'abri des erreurs.

Le *chronomètre dentaire* est l'ensemble des dents qui sont à considérer. Il comprend les incisives pour presque tous les animaux de la ferme, exception faite du porc, qui donne avec les canines d'utiles renseignements complémentaires.

L'*arcade dentaire* est la ligne plus ou moins courbe que font les dents réunies et considérées comme une seule dent. Nous verrons que plus la ligne s'aplatit, c'est-à-dire tend vers la ligne droite, plus, chez certaines espèces, l'âge est avancé.

La *table dentaire* n'est autre que le dessus de la dent. On appelle *dents de lait* ou dents caduques, les dents qui poussent en premier lieu. Les dents de lait sont facilement reconnaissables par leur blancheur et leur peu d'importance. Elles constituent un point d'appréciation très précieux chez tous les animaux de la ferme.

Les *dents permanentes* ou dents de remplacement, dents d'adulte, dents persistantes, sont les dents qui viennent remplacer les dents de lait.

Ces dents sont plus jaunes, plus volumineuses, plus dures que les précédentes. C'est sur elles que l'on étudie le *nivellement* dont il sera question plus loin.

II. — Age du cheval

Le cheval possède 40 dents, dont 4 crochets ou canines, 12 incisives et 24 molaires.

Pour bien comprendre les modifications dentaires

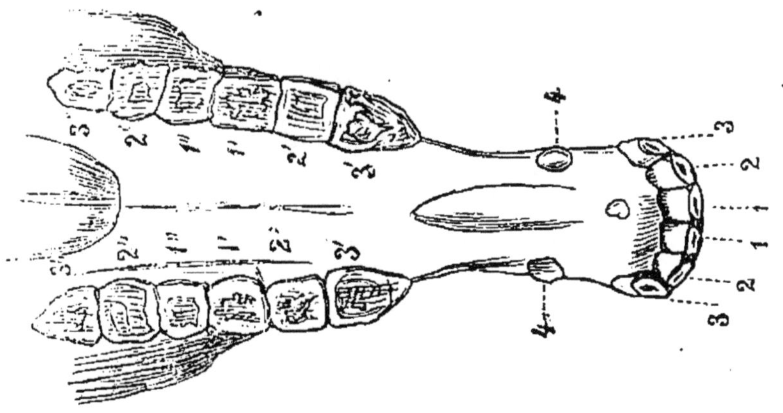

Fig. 6. — Vue générale de la dentition des équidés. 1'2'3' — 1''2''3'' Molaires, 4. Crochets, 1. 2. 3. Incisives.

du cheval, modifications qui servent à indiquer les périodes ou âges, il est nécessaire de savoir comment est constituée, en substance, la dent. La figure ci-contre servira de guide.

Email B.	Cornet externe H	Cavité pleine ou cheville cémenteuse K ; portion creuse M.

Ivoire A.
Gencive C.
Collet D.
Racine E.

Etoile radicale ou ivoire de nouvelle formation O.

Cornet interne I

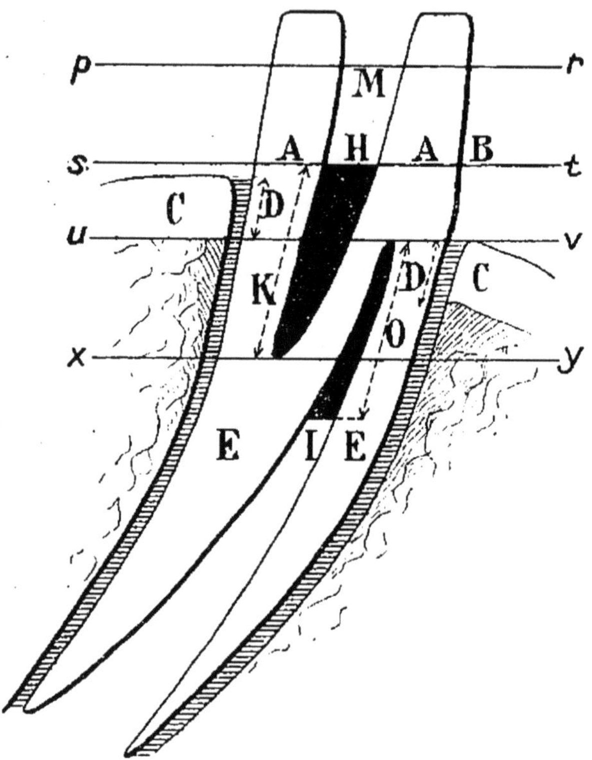

Fig. 7. — Coupe d'une incisive.

Rasement et nivellement. — Par l'usure, la table dentaire, c'est-à-dire le dessus de la dent, présente quatre aspects bien différents, dont deux surtout sont de précieux indices pour la détermination de l'âge. Ce sont : le *rasement* et le *nivellement*.

Voici progressivement comment l'usure s'opère :

1° Séparation de l'émail d'encadrement et de

l'émail central en *pr*, par exemple (voir fig. 7) ;

2° Disparition de la cavité du cornet externe H suivant la ligne *st*. C'est ce qu'on appelle le *rasement ;*

3° Apparition de l'étoile radicale entre deux émaux suivant la ligne *uv ;*

4° Disparition de l'émail central et de la cheville cémenteuse, suivant la ligne *xy*. C'est ce qu'on appelle le *nivellement* (1).

Dénomination des incisives. — Pour les chevaux, l'on n'apprécie que les dents incisives inférieures et supérieures. En haut et en bas les 2 incisives du milieu sont nommées les *pinces*, les 2 dents extrêmes à droite et à gauche sont nommées *les coins* et les 2 dents intermédiaires à droite et à gauche, les mitoyennes.

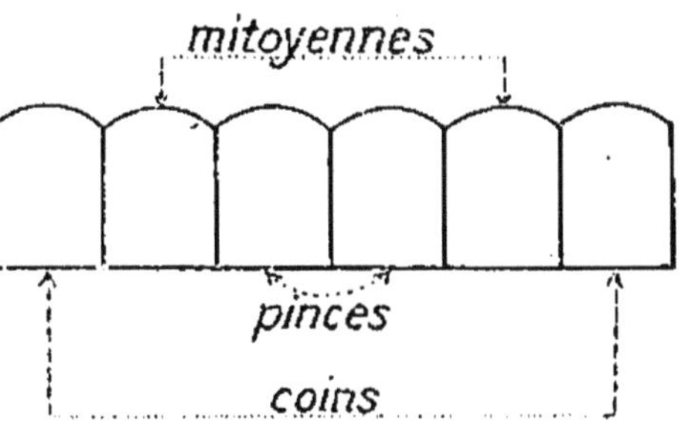

Fig. 8. —

BARÈME DES AGES

1re Période De la naissance à 10 mois *Éruption des dents de lait.*	2 dents naissantes pendant la 1re semaine. 4 dents naissantes vers le 30e jour. 6 — — de 6 à 10 mois.

(1) Voir aussi fig. 9, page 56.

2e Période de 1 à 2 ans *Rasement des dents de lait.*	Les pinces rasent à 12 mois. Les mitoyennes complètement rasées à 18 mois. Les coins complètement rasés à 22 mois. Rasement général à 2 ans.
3e Période de 2 ans 1/2 à 5 ans *Eruption des dents permanentes et chute des dents de lait.*	Entre 2 ans et 2 ans et demi pas de caractères bien marqués. Les pinces de lait tombent à 2 ans 1/2 (4 dents de lait). Elles sont remplacées par 2 permanentes à 3 ans (2 *permanentes*). Chute des mitoyennes à 3 ans 1/2 (2 dents de lait). Remplacement par 2 permanentes, 4 ans (4 *permanentes*). Coins tombent, 4 ans 1/2 (plus de dents de lait). Remplacement par 2 permanentes, 5 ans (6 *permanentes*).
4e Période de 6 à 8 ans. *Rasement des permanentes.*	Pinces rasées : 6 ans, — le bord postérieur du coin est usé. Mitoyennes : 7 ans, — sur le coin supérieur, il y a une encoche dite queue d'aronde. (Voir fig. 10). Coins : 8 ans — l'étoile radicale se montre sur les pinces et quelquefois sur les mitoyennes sous forme d'une petite ligne transversale entre le bord postérieur de la dent et l'émail central.
5e période 9 à 13 ans *Rotondité.*	Les pinces s'arrondissent : 9 ans (rasement des pinces supérieures). Les mitoyennes s'arrondissent : 10 ans (rasement des mitoyennes supérieures). Les coins s'arrondissent : 11 à 12 ans

5e période (*suite*)	(rasement des coins supérieurs). L'étoile est à peu près au milieu de la table à 12 ans. Les incisives inférieures sont nivelées à 13 ans. On fera attention que les bêtes de sang ont toujours les dents plus aplaties que celles des chevaux ordinaires.
6e période 14 à 17 ans *Triangularité.*	Les pinces deviennent triangulaires à 14 ans. Les mitoyennes deviennent triangulaires à 15 ans. Les coins deviennent triangulaires à 16 ou 17 ans.
7e période de 18 à 21 ans *Biangularité.*	Les pinces deviennent biangulaires à 18 ans. Les mitoyennes deviennent biangulaires à 19 ans. Les coins deviennent biangulaires à 20 ou 21 ans.

La première colonne du tableau ci-dessus sera très commode pour servir de base dans l'examen. Suivant que le cheval sera dans l'une ou l'autre des périodes, c'est-à-dire suivant qu'il aura des dents de lait, ou des permanentes, ou les deux genres; que les dents seront rasées ou nivelées, ou que le dessus sera rond, biangulaire ou triangulaire (1), il sera facile de consulter l'indication que donnera chaque groupe de dents (coins, mitoyennes et pinces) pour déterminer, dans la période, l'âge que le cheval examiné peut avoir.

(1) Voir fig. 9, page 56.

Fraudes. — Dans bien des cas, cette appréciation n'est pas commode à établir par suite des fraudes que certains marchands opèrent avec assez de succès. Il

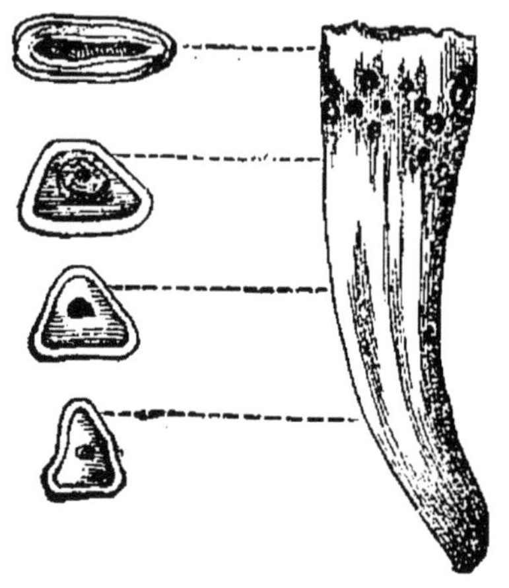

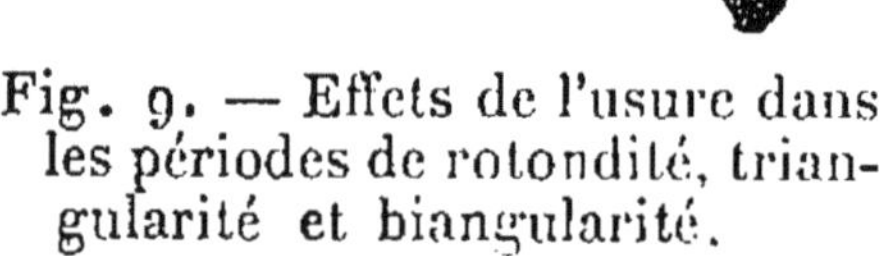

Fig. 9. — Effets de l'usure dans les périodes de rotondité, triangularité et biangularité.

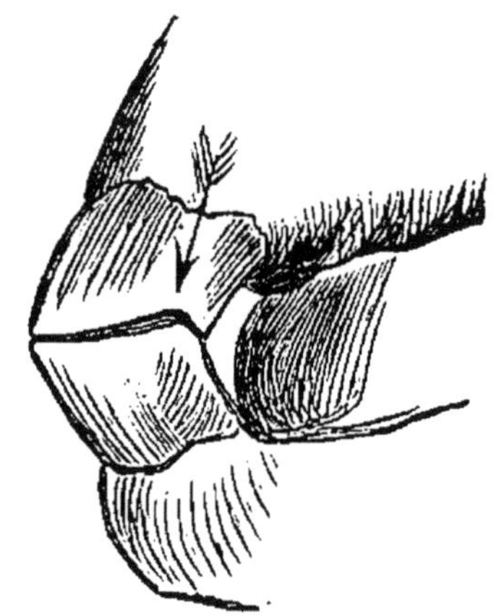

Fig. 10. — Queue d'aronde.

faut alors redoubler d'attention. Les fraudes les plus employées sont : 1° *l'arrachage* des dents de lait, ce qui, en vieillissant le cheval, peut à cette période augmenter le prix d'achat. Si l'arrachage est récent, la gencive est meurtrie suffisamment pour que la fraude soit sans effet. Si l'arrachage est ancien, l'arcade dentaire n'est plus au rond. Quand les dents du dessous repoussent la table présente un aspect inégal dans le genre de la figure 11.

2° *Le limage* d'une ou de plusieurs paires de dents. Le limage a pour but de raccourcir les dents trop longues, c'est-à-dire trop vite poussées. Cette opération n'a du reste aucune importance, car le fait de ramener à la hauteur de la table les dents limées donne l'âge réel du cheval. Cela ne pourrait avoir effet que si des dents de lait mitoyennes étaient encore présentes et que les pinces soient limées pour faire croire

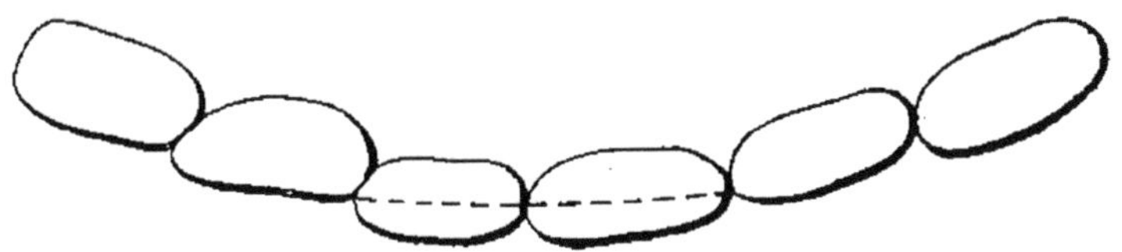

Fig. 11. — Effets de l'arrachage.

que ces dents de remplacement ne font que sortir. Le vendeur ne gagnerait que quelques mois et si le limage est récent on le découvrira parce que la dent présentera des stries plus ou moins accusées.

3° *La contre-marque* est la suite tout indiquée du limage. Elle consiste à creuser une dent rasée ou presque rasée pour faire croire à l'existence du cornet dentaire externe. La cavité creusée est ensuite noircie avec du nitrate d'argent. Cette fraude ingénieuse n'est pas commode à éviter si l'on ne porte pas grande attention.

Si la dent considérée n'est pas encore rasée, la contre-marque existe sur la table avec l'émail central : la faude est nettement commise. Si la dent est rasée autour du cornet creusé artificiellement, il n'y a pas d'émail central. D'un autre côté, la forme du dessus de la table indique un âge reculé incompatible avec l'âge jeune que donne la présence d'un cornet dentaire.

Irrégularités dentaires. — Il peut arriver que le cornet dentaire externe soit plus profond qu'il ne doit l'être. La dent ne rase qu'après l'âge normal correspondant quoique l'usure de la dent s'opère bien. Le cheval est dit *bégu.* Pour apprécier l'âge d'un tel cheval il faut surtout se baser sur la forme de la table dentaire. Suivant que les pinces, les mitoyennes et les coins seront ronds, par exemple, le cheval aura 9, 10 ou 11 ans.

Quant la dent est dure, l'usure n'a pas lieu aux mêmes époques. Le nivellement des dents n'a pas lieu à 13 ans et le cheval est dit *faux-bégu.* Il devient difficile de déterminer l'âge avec précision après 5 ans. On se basera sur la forme de la table après cet âge si l'on veut avoir encore une approximation de quelque valeur.

Parfois on rencontre, rarement chez le cheval, une mâchoire plus longue que l'autre. Si la mâchoire inférieure est plus longue que la supérieure, le cheval est *prognathe.* Dans le cas inverse, la mâchoire supérieure étant plus longue que l'inférieure, le cheval est *brachygnathe.* Il convient surtout de remarquer comment la dent agit sur les aliments quand on désire acheter un cheval ayant l'une ou l'autre de ces deux dernières irrégularités dentaires. Pour l'âge on ne rencontre pas de grandes difficultés si l'attention ne fait pas défaut.

Divers. — Nous ne passerons pas sous silence le moyen empirique suivant qui, paraît-il, donne de bons renseignements pour la détermination de l'âge au-dessus de 9 ans. A partir de 9 ans il se forme, chaque année, une ride à l'angle supérieur de la paupière. Par conséquent un cheval ayant quatre rides aurait 13 ans. Cette observation d'un vieil éleveur peut facilement être mise en pratique. Toutefois nous ne pensons pas que ce moyen soit d'un grand recours pour les personnes habituées quelque peu au barême des âges.

Les crochets sont spéciaux au cheval. Cependant, exceptionnellement, on en rencontre chez la jument qui, par suite de cette particularité, est appelée *bréhaigne*. Certains éleveurs ont remarqué, paraît-il, que la jument bréhaigne était stérile. Ils ont donné à cette exception la même importance, quant à son évidence, qu'à celle constatée pour les naissances gémellaires chez la vache dont les deux produits sont dans ce cas également stériles.

Maniement de la bouche. — Pour reconnaître l'âge du cheval, tout autant que pour apprécier l'état de la bouche, il faut nécessairement ouvrir la bouche de la bête. Voilà comment on peut procéder :

Se mettre à la droite du cheval et de la main gauche introduire les deux doigts index et médius dans la bouche à l'endroit même où se trouvent les barres. Saisir la langue et la détourner de façon à en amener l'extrémité hors de la bouche. Dans cette position le cheval n'est pas dangereux, laisse la bouche bien ouverte et se laisse examiner l'intérieur sans difficulté.

III. — AGE DES BOVINS.

Généralités. — Les bovins possèdent 32 dents dont 8 incisives et 12 molaires à chaque mâchoire. L'âge des bovins, par l'inspection du chronomètre dentaire, s'examine sur les incisives inférieures. Les bovins n'ont du reste pas d'incisives à la mâchoire supérieure. Elles sont remplacées par un bourrelet cartilagineux, épais.

La *racine* de l'incisive est percée à son extrémité d'un petit orifice nommé cornet dentaire interne qui, avec l'âge, se comble petit à petit avec de l'ivoire de formation nouvelle.

La *couronne* comprend 2 faces et 3 bords.

La face inférieure ou antério-inférieure se noircit chez les vieux animaux. La face supérieure ou postéro-supérieure possède sur les dents encore vierges une petite saillie conique à base très large connue sous le nom d'*avale*, qu'un *sillon* latéral limite de chaque côté, à droite et à gauche.

Usure. — Comme pour le cheval, il est utile de

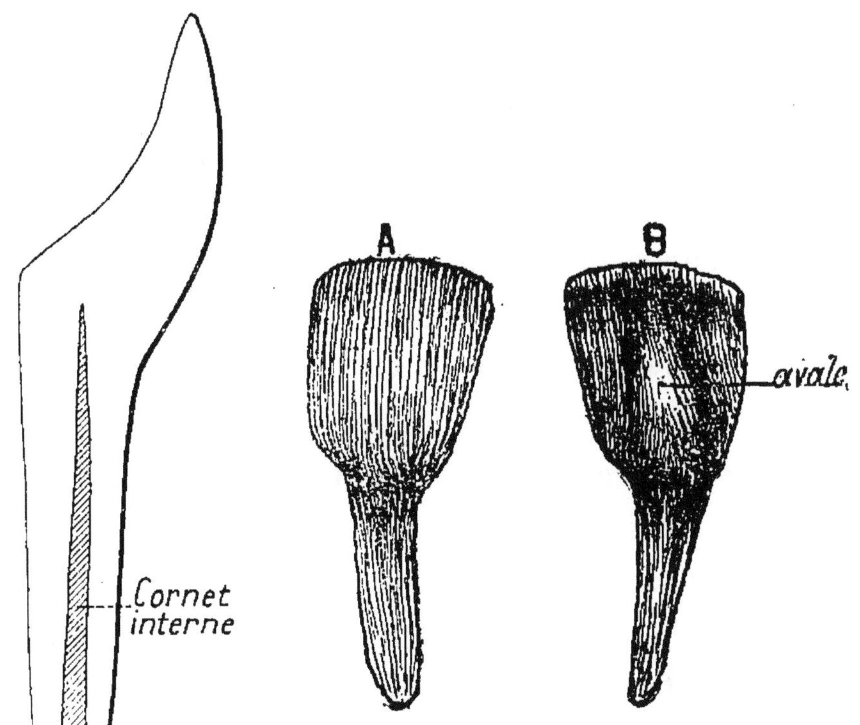

Fig. 12. — Incisives des bovins.

savoir pour le bovin comment s'opère l'usure sur les incisives.

Par suite de la constitution aplatie de la dent, l'usure débute sur le bord antérieur vierge et sur la face supérieure pour aller vers l'intérieur de la bouche.

L'avale se trouve usée à son tour, c'est cette période que l'on appelle le *rasement*.

Quand l'avale est complètement rasée, qu'il est impossible d'en voir la trace, la dent a *nivelé*, il n'y a donc plus de sillons latéraux. La face supérieure de la dent s'use alors de plus en plus et toujours dans le même sens et devient concave d'avant en arrière. La face prend en somme la forme du bourrelet de la mâchoire supérieure et la couronne devient carrée. Quand l'usure est suffisante, l'étoile radicale se montre sur la table dentaire.

Il est à remarquer deux caractères principaux chez les bovins qui arrivent à un certain âge : la forme triangulaire de la couronne et l'arrêt de la poussée de la dentition. Par suite de ces changements, les incisives semblent s'écarter de plus en plus tout en se raccourcissant réellement.

Quand la ligne de l'arcade s'aplatit à son centre pour devenir droite ou presque droite, la *mâchoire est au ras*.

Maniement de la bouche. — Pour explorer la bouche du bovin dans le but d'examiner la dentition, voici comment l'opérateur pourra procéder d'après la méthode décrite par le Dr Bardonnet des Martels : « L'explorateur devra se placer au côté de l'animal à sa convenance, ce qui lui permettra de saisir commodément la cloison nasale. Si c'est à droite qu'il se place, il se servira de la main droite, la gauche restant appuyée sur la corne droite pour contenir l'animal et réciproquement. Il introduira donc le pouce et deux autres doigts de la main qui est libre dans les naseaux du bœuf, en saisira la cloison, et par ce moyen élèvera assez haut l'extrémité des mâchoires pour pouvoir prendre, sans être gêné, avec l'autre main qui devient disponible, l'extrémité du maxillaire inférieur.

« En même temps, il engagera entre les lèvres, à droite, l'extrémité du pouce, du côté opposé les quatre doigts, et, par une pression soutenue de haut en bas, il contraindra la bête à ouvrir la bouche ; par ce moyen, l'arcade incisive sera mise à nu. »

Dénomination des incisives. — Voici comment sont nommées les incisives chez les bovins : les 2

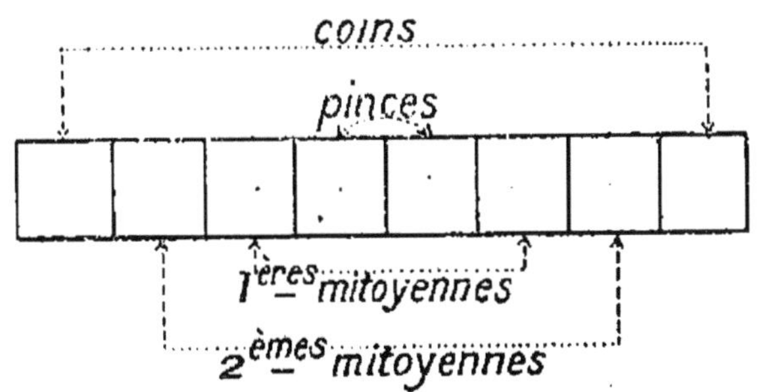

Fig. 13.

dents du milieu : pinces. La dent de droite et de gauche touchant les pinces : 1res mitoyennes ; la dent de droite et de gauche touchant les 1res mitoyennes : 2es mitoyennes ; les deux dents extrêmes : coins.

BARÊME DES AGES

1re Période de 0 à 6 mois *Eruption des dents de lait.*	Les pinces et 1res mitoyennes naissent pendant la 1re semaine. Donc, 4 dents naissantes : de 0 à 8 jours. Secondes mitoyennes vers le 20e jour. Donc, 6 dents naissantes : 20 jours. Coins vers le 30e jour : Donc, 8 dents naissantes : 1 mois. Les coins sont plus longs dans leur développement et ne sont complètement sortis qu'à 6 mois. La mâchoire est dite *au rond*. Cette poussée ne se produit pas toujours dans les limites ci-dessus données car, dans certaines espèces précoces, les dents sont sorties au moment de la naissance.
2e Période de 10 à 20 mois *Rasement des dents de lait.*	Rasement des pinces à 10 mois — des 1res mitoyennes 12 mois — 2e — 15 — — coins — 18 — Les pinces se déchaussent et tremblent pour bientôt tomber : 20 mois.
3e Période de 2 à 6 ans *Eruption des dents permanentes et chute des dents de lait.*	De 18 mois à 2 ans plus que 6 dents de lait. — 2 dents permanentes. De 2 ans 1/2 à 3 ans, plus que 4 dents de lait. — 4 dents permanentes. De 3 ans 1/2 à 4 ans, plus que 2 dents de lait ; à 3 ans 1/2 les secondes mitoyennes ont acquis leur développement. — 6 dents permanentes. De 4 ans 1/2 à 5 ans, mâchoire complète, les coins de remplacement sont visibles. De 5 à 6 ans la mâchoire est au rond.

4e Période de 7 à 12 ans *Rasement des dents d'adulte.*	Rasement des pinces 7 ans — 1res mitoyennes 8 — — 2mes — 9 — — coins 10 ans, l'étoile radicale se montre sur les 4 premières dents. Les dents se raccourcissent et commencent à s'écarter chez beaucoup de sujets. La mâchoire est *au ras*. A 11 ans, l'étoile radicale se montre sur toutes les dents A 12 ans, l'étoile devient carrée sur toutes les dents : elle est entourée par une bordure blanche bien caractérisée.

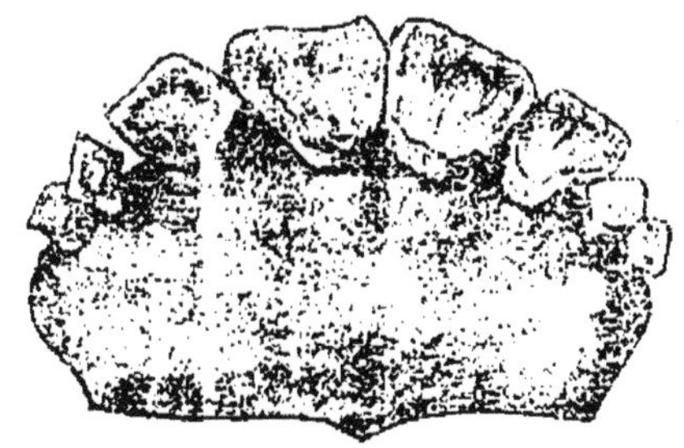

Fig. 14. — Chronomètre de 3 ans.

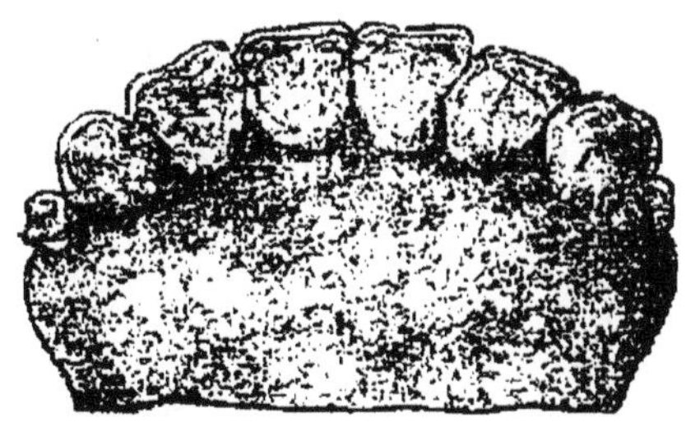

Fig. 15. — Chronomètre de 4 ans.

Remarques. — A proprement parler, il n'y a pas de rasement, mais bien un nivellement lorsque sur le chronomètre dentaire l'avale et les sillons sont disparus complètement.

Quand les dents permanentes poussent, elles ne suivent pas l'alignement des dents (regardé en vue cavalière). Ainsi que le montre la figure 16, les dents sont placées de travers et ne se redressent qu'en arrivant au niveau des autres complètement poussées. Le dessus de la table suit alors la conformation indiquée ci-dessous.

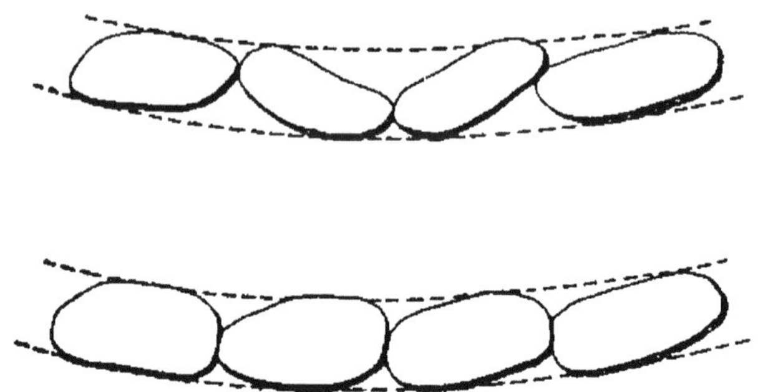

Fig. 16. — Variations de la poussée dentaire.

A propos des cornes. — Certaines personnes apprécient l'âge simplement par les cornes. Nous ne sommes pas de cet avis, car l'exactitude n'est pas

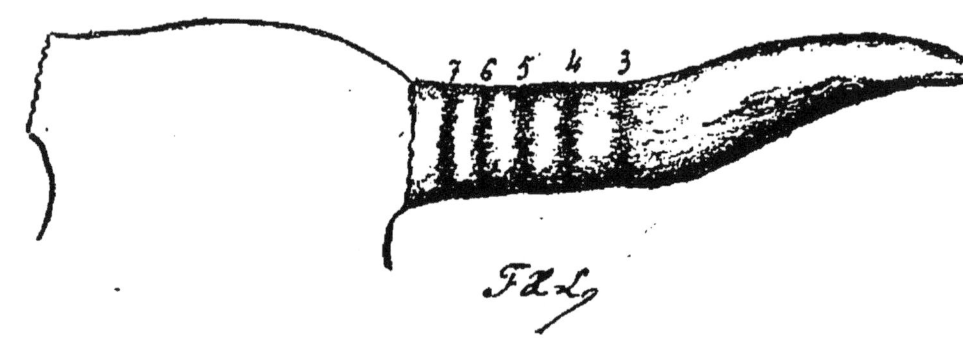

Fig. 17. -- Corne d'une vache de sept à huit ans.

grande. Pourtant ce moyen peut aider dans bien des cas. Voilà en quoi il consiste : Les cornes en poussant font un bourrelet plus ou moins gros et environ chaque année. On compte ces bourrelets à partir de la base de la corne, le 1er bourrelet comptant pour 3 ans. Un animal ayant 4 bourrelets aurait par ce fait 6 ans. En tout cas, il ne faut pas apprécier à l'œil, mais bien au toucher, cela est plus exact. Cette pratique ne peut s'exercer que si les cornes n'ont pas été rapées par des marchands ou autres personnes ayant l'habitude de maquiller les animaux.

L'âge par les cornes est plutôt utile pour l'appréciation de l'âge compris entre 3 et 12 mois. A l'âge de 3 mois s'opère la pousse de la corne apparente. Les cornes sont nettement sorties. Jusqu'à l'âge de 12 mois elles poussent environ d'un centimètre par mois. Ce qui fait qu'à 12 mois les cornes ont environ 10 centimètres. (Voir fig. 18.)

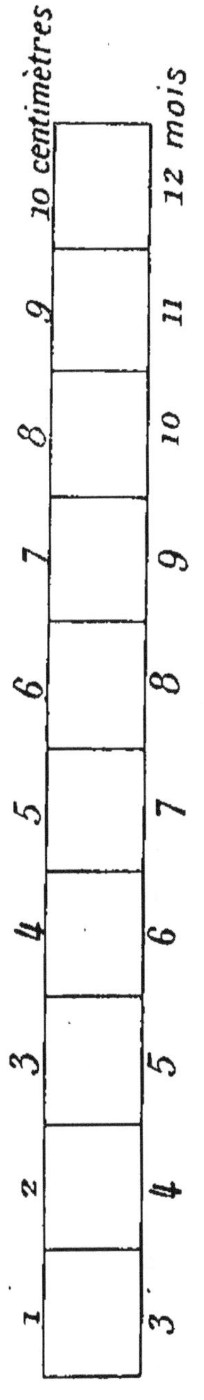

Fig. 18.

A propos de la précocité. — Dans les races perfectionnées, la précocité des sujets produit des modifications dentaires caractéristiques. C'est ainsi que sur certains jeunes, deux ou quatre dents de lait peuvent tomber à la fois, ce qui n'est pas sans produire une indécision notable dans l'appréciation de l'âge réel. Mais avec l'expérience l'observateur pourra apprécier l'âge de la bête précoce sans erreur importante.

Dans les animaux tardifs, écrit le Dr Hector George, chaque groupe de dents fait éruption un an après le groupe précédent; dans les animaux précoces, cet intervalle est réduit à six mois. Donc, dans le premier cas, l'usure se produira pendant un an avant l'éruption du groupe suivant; donc, elle sera beaucoup plus accentuée et, d'un groupe de dents à l'autre, la différence d'usure sera considérable. Dans les animaux précoces, au contraire, l'usure ne se produisant que pendant six mois sur un groupe de dents avant l'éruption du groupe suivant, la différence d'usure d'un groupe à l'autre sera beaucoup moins accentuée. De la sorte, en présence de deux mâchoires venant de terminer leur évolution dentaire (ce que l'on reconnaît à ce que la dernière dent, le coin, ne présente encore aucune trace d'usure), on distinguera immédiatement l'animal précoce d'avec le tardif. »

IV. — Age du mouton

Dénomination des incisives. — Le mouton possède 32 dents, dont 8 incisives et 12 molaires à chaque mâchoire. Comme les bovins, les moutons, ou ovins ariétins, possèdent 8 incisives et à la mâchoire inférieure seulement. Ces incisives, qui servent à la détermination de l'âge, sont dénommées pinces, 1res mitoyennes, secondes mitoyennes et coins. Les incisi-

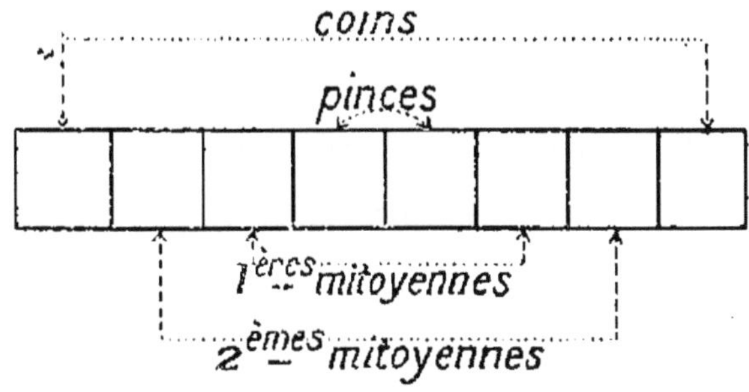

Fig. 19.

ves de lait sont plus petites et plus blanches que les dents permanentes de remplacement.

Les moutons ont trois périodes dentaires ainsi comprises :

BARÈME DES AGES

1re Période de 0 à 3 mois. *Éruption des dents de lait.*	A la naissance, généralement pas de dents. Incisives naissantes du 5me au 7me jour. Toutes les dents visibles : 25 jours. Mais les coins poussant lentement, la mâchoire n'est au rond que vers 3 mois.
2me Période de 3 mois à 1 an. *Rasement des dents de lait.*	Cette période est difficile à apprécier parce que le rasement est très inégal. Des moutons ont rasé complètement à 6 mois, d'autres à 1 an, d'autres dans les âges intermédiaires. Mais la taille du sujet, la conformation par rapport aux membres du troupeau suffisent à une approximation utile.

3me Période	Pinces apparaissent	de	15 à 18 mois.
de 15 mois à 5 ans.	1res mitoyennes	—	vers 2 ans.
Eruption des	2mes —	—	— 3 ans.
dents de	Coins —	—	— 4 ans.
remplacement.	Mâchoire au rond	—	— 5 ans.

Au delà de 5 ans il est inutile de détailler l'âge, étant donné qu'à ce moment les moutons doivent avoir

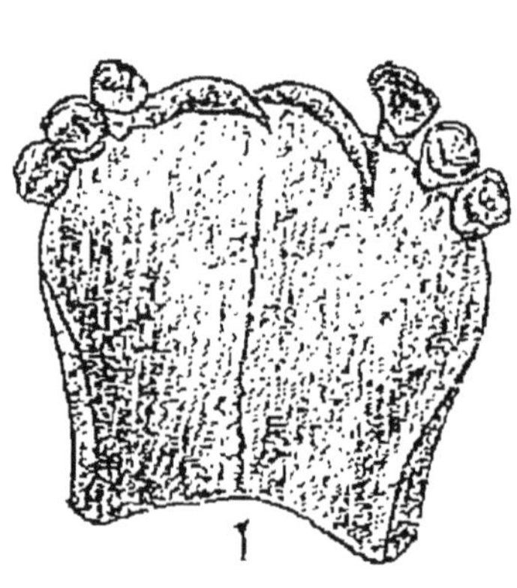

Fig. 20. — 15 mois.

Fig. 21. — 2 ans 1/2.

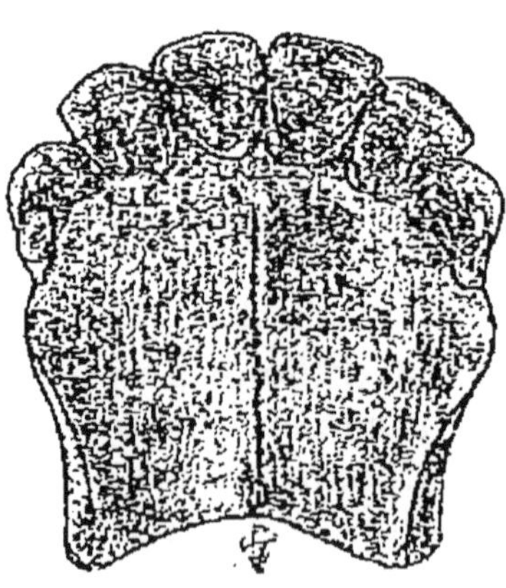

Fig. 22. — 3 ans 1/2

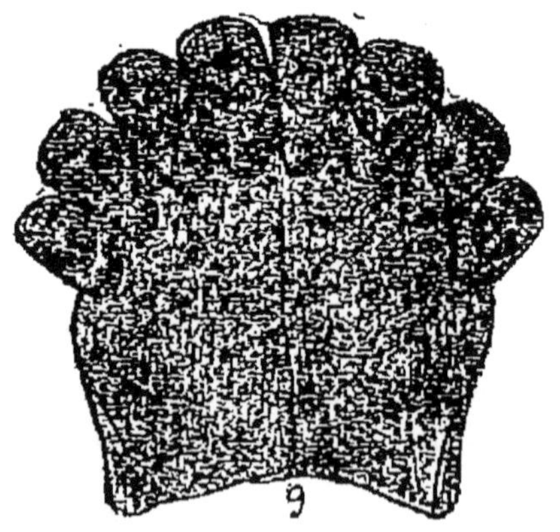

Fig. 23. — 5 ans.

Fig. 20-23. — Divers aspects du chronomètre dentaire chez les Ovins.

terminé leur carrière à la boucherie. On rencontre, très rarement du reste, des béliers remarquables qu'on a voulu garder un peu plus tard par suite de leurs magnifiques qualités. L'éleveur qui possède cet animal sait mieux que personne l'âge du bélier et comme il n'arrivera à personne d'acheter un bélier en dehors des âges ci-dessus prévus, l'utilité des époques dentaires au-delà de 5 ans n'est pas appréciable et serait de plus sans précision.

Fraudes. Tromperies. — Nous n'avons pas à signaler de tromperies de marchands pour l'âge des ovins ariétins. Les moutons ne restent guère qu'entre les mains des éleveurs qui les vendent directement à la boucherie ou à des engraisseurs, ou à des cultivateurs voulant monter un troupeau. Les tromperies ne donnent pas de ressources suffisantes, l'évolution se limitant à cinq années en moyenne. La poussée dentaire jusqu'à cette époque ne laisse pas facilement prise à la fraude.

Appellations. — Sur les champs de foire les moutons portent diverses appellations qu'il est bon de connaître :

1° De la naissance à 1 an, l'animal est nommé *agneau*, *agnelet* ou *agnelle*. L'*agneau de lait* est celui qui n'est pas sevré ; après le sevrage on le nomme parfois *agneau gris* ;

2° Pendant toute la seconde année, il est nommé

antenois ou antenoise, *antenais* ou antenaise, *gandin* ou gandine, *ragain*, *pelle ;*

3° A partir de la troisième année il est nommé *brebis* ou *bélier*, s'il n'a pas subi la castration, et *mouton* ou moutonne si l'ablation a été faite ;

4° La brebis qui a reproduit et qui porte encore est dite *portière* ou encore *brebis-mère.* Après la parturition elle est dite *nourrice ;*

5° Le mouton de *garde* suppose un animal jeune d'un an jusqu'à trois ans. A partir de ce moment, c'est-à-dire à quatre ans, il est dit souvent *vieux mouton ;*

6° Le mouton de *graisse* n'est autre que l'animal destiné à la boucherie ;

7° La brebis *bréhaigne* ou *bringue* est ainsi dénommée par suite de sa stérilité ;

8° Brebis *suitée*, brebis ayant un agneau. Par *couple* on entend la brebis suitée et son agneau.

Maniement de la bouche. — Pour explorer la bouche voici un bon procédé indiqué par Bardonnet des Martels : l'explorateur introduira le pouce de la main gauche dans la bouche du mouton, pour s'en servir plus tard, et le fera reposer sur l'espace interdentaire. Puis, avec le bord radial du pouce, et le médius de la main droite appliqués sur les lèvres, le pouce sur la supérieure, qu'il relève, le médius sur l'inférieure, qu'il abaisse, il découvre ainsi le bourrelet dentaire et toute la face antérieure des incisives. L'arcade dentaire rendue ainsi apparente, l'exploraraleur a toute facilité pour en apprécier la couleur,

Fig. 24. — Comment examiner la bouche.

la forme et l'époque de l'éruption des incisives, objet principal, du maniement et, par ce moyen, la détermination précise de l'âge du sujet. Si, par défaut d'expérience, l'explorateur n'était pas suffisamment éclairé, si l'incertitude qui pourrait naître en lui était due à l'usure et à la déformation des pinces et des premières mitoyennes, il aurait, dans ce cas, la ressource d'ouvrir la bouche du mouton à l'aide du pouce qu'il y a déjà introduit, en exerçant une légère pression sur la mâchoire inférieure, qui, étant ainsi éloignée de l'opposée, laissera voir la surface de frottement des incisives. »

V. — Age du porc

Généralités. — Les porcs possèdent 44 dents, dont 6 incisives, 2 canines et 14 molaires à chaque mâchoire.

L'âge des porcs par la dentition est, nous le savons

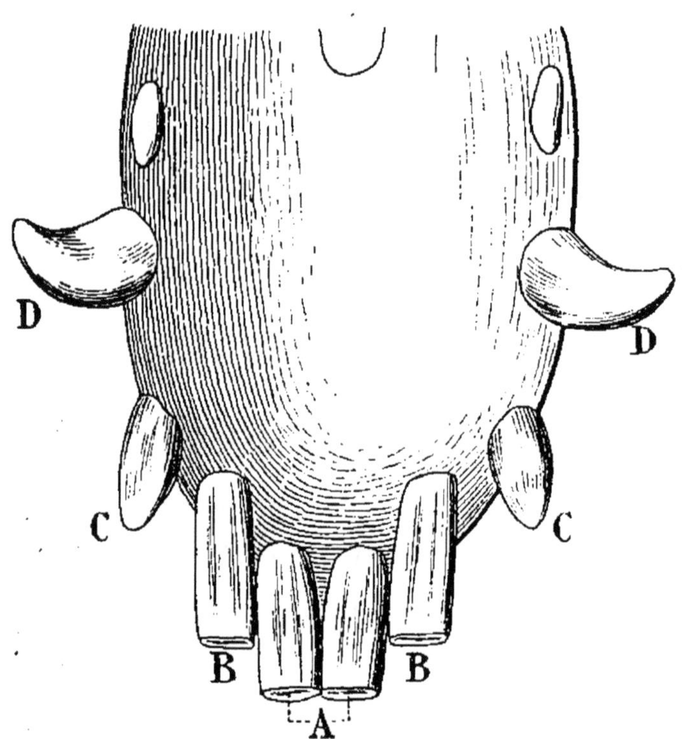

Fig. 25. — Chronomètre dentaire du porc.

Dénomination des incisives.

Les incisives du milieu, A, sont dites : pinces ; celles figurées en B, les mitoyennes ; celles figurées en C, les coins.
Les crochets sont figurés en D.

par expérience, presque sans réelle valeur. Heureusement, il n'a guère d'importance que si l'on achète des reproducteurs de choix. Dans ce cas, il faut n'acheter que de confiance et dans les lieux d'élevage réputés.

Pratiquement, l'âge du porc se détermine de la manière suivante. On prend pour points d'appréciation l'éruption des dents de lait, l'éruption des dents permanentes et la longueur des crochets ou canines, qui constituent, avec le temps, les *crocs* ou *défenses*. Les incisives comprennent les pinces, les mitoyennes et les coins. (Voir fig. 25.)

BARÊME DES AGES

A la naissance, présence des coins et des crochets supérieurs.

Les autres incisives et les crochets inférieurs apparaissent de 3 à 4 mois.

Les coins et les crochets tombent en commençant par la mâchoire supérieure, de 6 à 10 mois.

Remplacement des pinces, 12 à 18 mois.

Remplacement des mitoyennes, 2 ans.

Pinces bien entamées par l'usure, 3 ans.

Les crochets s'allongent et arrivent à 3 ou 4 centimètres de longueur, les autres dents noircissent de plus en plus.

Les crochets soulèvent la lèvre supérieure, 4 ans.

Les crochets débordent la lèvre supérieure, 5 ans.

Le crochet inférieur sort de la bouche et se contourne en dehors, 6 ans.

Remarques. — Comme chez toutes les bêtes améliorées et précoces, l'évolution dentaire n'est pas toujours régulière. Elle avance de quelques mois, ce qui rend plus difficile l'appréciation. Ainsi chez les sujets précoces la première molaire apparaît vers 18 mois au lieu de deux ans et plus chez les animaux communs.

Maniement de la bouche. — Pour bien inspecter l'arcade dentaire des suidés il faut absolument que la bouche soit maintenue ouverte pendant un certain temps. Cette pratique n'est pas toujours sans danger par suite du plus ou moins grand degré de méchanceté ou d'énervement de la bête. Nous ne saurions trop prévenir l'acheteur de s'entourer de toutes les précautions indispensables. Nous décrivons, page 305, la méthode d'ouvrir la bouche des suidés à propos des langueyeurs et nous engageons le lecteur à suivre point par point cette méthode qui, pour être ancienne, n'en est pas moins pratique et sûre.

CHAPITRE III

CHOIX PROPREMENT DIT DES ANIMAUX DE LA FERME

Remarques préliminaires.

Bien des indications ont été données pour choisir un animal, mais la plupart sont tombées dans l'oubli ou restent connues d'un petit nombre d'éleveurs qui se font un devoir de les tenir secrètes. Ils ne veulent pas livrer à quiconque leur arme de combat si pratique. En général, ces praticiens, rien que praticiens, sont incapables de donner l'explication de leur manière d'apprécier. C'est à force de causer avec l'un, avec l'autre, à force d'être « refait » ou d'avoir refait leur concurrent que le marchand devient habile. Il présente un animal sur le champ de foire comme un jardinier présente ses fleurs sur la halle et combien l'habileté devient précieuse, surtout si, d'un produit de second ordre offrant des particularités défectueuses, il faut le faire accepter pour atteindre un prix rémunérateur. Tous les soins sont apportés à l'animal en vente, on lui fait même sa toilette suivant l'effet à produire.

Il arrive d'acheter cher à une époque où le marché demande beaucoup, pour quelquefois revendre à une autre époque où l'offre très large oblige à maintenir les prix assez bas pour chance de vente. Cette variation de prix est quelquefois assez étendue, nous dira-t-on? Oui, mais en animaux de ferme la qualité se retrouve toujours, c'est le point de départ de l'exploitation. Comme le répètent si bien les éleveurs : le cher est encore le meilleur marché.

Il est bon de remarquer que cette vérité populaire ne doit pas avoir son sens élargi au-delà de certaines limites. Un animal arrivant à un âge donné offre deux prix extrêmes que ne doivent dépasser acheteur et vendeur, si cet animal, bien entendu, se trouve dans les conditions normales de santé, de constitution, de pureté de race et d'aptitude au service demandé. Suivant les saisons, ces prix extrêmes peuvent varier de beaucoup, comme nous l'avons dit (1), surtout si le vendeur habile domine un acheteur peu expérimenté. Mais deux hommes de métier en présence sur un champ de foire ne feront pas un grand écart d'appréciation. C'est ainsi que, maintes

(1) Voir pages 13 et suivantes.

fois, nous avons vu dans le Cotentin des éleveurs qui, estimant chacun de leur côté un animal en vente, arrivaient à dix francs près dans leur mise à prix. Il est clair qu'une pareille habileté ne s'acquiert pas dans une année. Outre des aptitudes spéciales, de longues manipulations sont obligées et l'apprentissage sera d'autant plus long que les conseils de gens compétents seront rares. Dans les régions où se trouve le berceau des races, les éleveurs s'aident entre eux afin de conserver la renommée, la beauté et la pureté de la race exploitée ; les bons procédés restent dans les familles comme des traditions précieuses et c'est sans doute par cette entente que la connaissance du choix des animaux est si partagée, si bien comprise et si bien développée dans ces milieux.

A côté de ces centres de production vivent des régions entières moins privilégiées. L'instruction pratique peu élevée mène souvent les agriculteurs sur la mauvaise pente et pour ne pas trop se tromper sur la véritable valeur des animaux à acquérir ou à vendre, ils s'adressent à des spécialistes nommés un peu partout « marchands », qui savent bien profiter de leur adresse et de leur pratique. On connaît combien leurs artifices, dont on a tant parlé et dont on parle encore beaucoup, sont nombreux. On pourrait s'y perdre, mais heureusement l'observation aidée par la théorie s'est affirmée sur presque toutes leurs opérations. On est arrivé à discerner, sans leur intermédiaire, les bons animaux des moins bons, des passables, des sans valeur.

Ces règles condensées nous allons les présenter à nos lecteurs. Elles résument fidèlement nos connaissances basées sur l'observation faite dans les meilleurs centres de production et étayées par la technique anatomique. Nous les donnons non sans nous rendre compte que, par cette audace, nous nous attirons de la part de bien des marchands de profession une certaine haine, puisque nous mettons au grand jour les moyens de choisir convenablement les animaux de ferme sans passer par leur onéreux concours.

Il reste entendu que les recommandations au sujet du veau d'élevage, par exemple, sont à mettre à profit pour les vaches laitières comme pour les bovins d'engrais. Nous ne les répéterons pas à chaque catégorie, laissant au lecteur le soin d'en faire lui-même application.

CHAPITRE IV

CHOIX DES BOVIDÉS

I. — Veau d'élevage.

On recherchera une tête au *front* large, surtout chez les mâles. Elle ne sera ni trop longue ni trop courte, car cette dernière disposition annonce un animal sans faculté de développement. La *tête* longue, quoique désagréable à l'œil, est plus recherchée pour les femelles. La couleur de la tête varie évidemment avec la couleur de la race; en général, la couleur claire est plus estimée pour les femelles. Le *mufle* sera entouré d'une portion de poils brun clair ou d'une teinte légèrement plus foncée.

Le *cou* sera dépourvu de la présence d'un grand fanon, peut-être sans dommage dans la première jeunesse, mais qui par l'âge fera perdre à l'animal une partie de sa réelle valeur.

La *poitrine* sera bien ouverte et bien descendue

sous les avant-bras afin de présenter un intérieur spacieux du thorax et permettre ainsi aux organes du cœur et des poumons d'atteindre le plus grand développement possible. L'appareil respiratoire dépourvu de contrainte pourra exercer toute son influence sur la vitalité de l'animal surtout dans le jeune âge, où la bonne respiration est une fonction des plus essentielles.

L'*avant-bras* bien musclé, c'est-à-dire suffisamment pris de chair ; *cuisses* descendant presque verticalement jusqu'à l'articulation du jarret de manière à présenter les parties charnues sous un grand volume.

La direction de la *colonne vertébrale* est une des particularités dont il faut tenir compte à tout prix ; l'éleveur devra sans cesse attacher à cette partie une grande importance. Que la colonne soit horizontale et droite. L'animal plaira toujours mieux à l'œil par la pureté de ses lignes ; on évitera les accidents futurs qui sont la suite du dos de mulet (colonne surélevée) ou du dos ensellé (colonne surbaissée). Le veau qui a le dos ensellé aura plus tard le ventre avachi, avalé ou descendu. Ces dispositions, déterminées par l'excès de volume des intestins, gênent les poumons et le cœur, organes primordiaux de la respiration et de la circulation. Ce défaut de conformation est bien connu des emboucheurs, des engraisseurs, des herbagers qui profitent de cette occasion pour rendre la vente plus difficile en en abaissant dans de sérieuses limites le prix de vente. Il faut remarquer que le ventre avalé chez le bœuf, contrairement à ce qui se passe parfois chez le cheval, est difficile à détruire, pour ne pas dire impossible. Ce défaut contracté pendant le cours du jeune âge ne fait que s'accentuer à mesure que l'animal vieillit.

Reins larges, plutôt courts que longs.

La *forme du corps*, examinée par devant ou par derrière l'animal, sera cylindrique et non ovalaire. Les *côtes*, par suite, seront bien cintrées à leur point d'attache près de la colonne vertébrale. La viande se montre toujours mieux sur les côtes bien arrondies que sur les côtes plates et allongées.

L'écartement entre les illiums (hanches) et les ischions ou moulettes sera le plus grand possible. L'ossature générale sera proportionnée à la race du sujet et le point de comparaison à admettre pour chaque animal sera pris à la partie nommée *canon ;* on peut dire alors que plus les canons seront fins plus la bête est fine et de race perfectionnée. Que les *jambes* ne soient ni trop longues ni trop courtes. Ici encore la bonne mesure fait les bons animaux. Les jambes trop longues constituent le *bœuf enlevé ;* les jambes courtes annoncent généralement une disposition à engraisser, mais non une qualité de développement, surtout lorsque les jambes courtes accompagnent un développement exagéré des trains postérieurs et antérieurs et une tête courte. Dans ces conditions l'animal, suivant le terme employé par les gens de métier, est trop joli, trop bien moulé.

Il reste précoce pour l'abattoir, mais sans croissance suffisante, sans développement pour la reproduction.

L'*attache de la queue* offre une certaine importance. Elle doit être bien placée, c'est-à-dire enfoncée à son point d'attache entre les deux pointes des ischions de façon à ne présenter aucune saillie. Lorsque l'animal sera plus grand, le maniement des abords deviendra appréciable et plus sûr si l'attache de la queue est bien conditionnée. Remarquons aussi que la queue ne devra pas être attachée de façon à creuser la partie d'attache en faisant trop ressortir la pointe des ischions, ce serait pour l'animal une moins-value certaine.

On connaît le proverbe « de tout poil bonne bête » qui s'est vérifié depuis longtemps. Mais on a reconnu qu'il fallait désirer un *poil doux* suffisamment soyeux, disposé sur une peau fine et souple. Malgré les différentes opinions émises ces dernières années par des zootechniciens, avides de critique plutôt que de principes scientifiques, nous admettons qu'il vaut mieux s'attacher à la conservation des animaux ayant la couleur type de leur race et de leur pays d'origine.

C'est toujours une garantie de bonne souche qui, comme toutes les garanties, ne doit pas être dédaignée, notamment si la robe spéciale forme dans la race un caractère distinctif. Dans la Normandie, certains éleveurs préfèrent les génisses à robe foncée, car, disent-ils, plus la robe est foncée, plus le lait est fort? C'est peut-être aller un peu loin et en tous cas le raisonnement n'est pas assez fondé puisque la formation du poil n'a rien qui dépende de la formation du lait. Mais le fait est vrai en ce que la couleur foncée est de fondement dans la race dont les bringures noires sont bien caractéristiques; plus les bringures seront apparentes, plus l'origine sera certaine, par conséquent, plus la génisse sera bonne de production.

Le trop grand espace qui existe entre la dernière côte et l'os crochu, l'illium, est un défaut de constitution dont il faut tenir compte. C'est surtout pour l'œil que ce défaut prête à critique. Le veau est qualifié de flanc creux, son corps paraît plus maigre en ce qu'il est moins cylindrique que celui aux flancs courts.

Les veaux issus de vaches vieilles et usées par la lactation sont à rejeter pour l'élevage. Ils seront réservés à l'engraissement comme leurs sembables qui, pendant l'allaitement, auront été chétifs, difficiles à nourrir, ainsi que ceux dont les parents étaient mal constitués ou maladifs, ou encore s'ils ne présentent pas les caractères, tout au moins fondamentaux, de leur race. Ne pas choisir immédiatement après le sevrage.

Le veau sera naturellement gai, vif et de bon appétit. (Voir page 150 pour les *fonctions normales*.)

On ne gardera pas pour la reproduction les deux premiers veaux d'une vache qui n'a pas atteint son complet développement et on donnera la préférence au veau né au printemps d'une vache de 5 à 12 ans, reconnue bonne laitière et d'une bonne lignée. Ne pas rejeter, dès les premiers jours après la naissance, la bête qui semble petite par rapport au produit attendu. Il est d'observation constante que les petits veaux deviennent souvent les plus gros adultes. Du reste, on ne livre à la boucherie que des veaux âgés au moins de trois semaines, comme le démontre la pratique quotidienne des abattoirs d'Amiens par exemple : l'inspecteur sanitaire s'assure de l'âge en acceptant les veaux qui ont au moins toutes leurs incisives de lait sorties.

Quant à l'examen des renseignements que peut fournir le toucher de la *peau*, nous prions le lecteur de se reporter aux indications que nous exposons plus loin au sujet des vaches laitières (1).

Les marchands appellent *Veaux broutards* les veaux dont le développement du ventre est exagéré,

(1) Voir page 109.

ce qui arrive invariablement quand les veaux sont sevrés trop tôt ou s'ils sont trop nourris au pâturage.

Quant à l'appréciation de l'âge nous renvoyons le lecteur au chapitre spécial traitant cette importante question. (Voir page 64.)

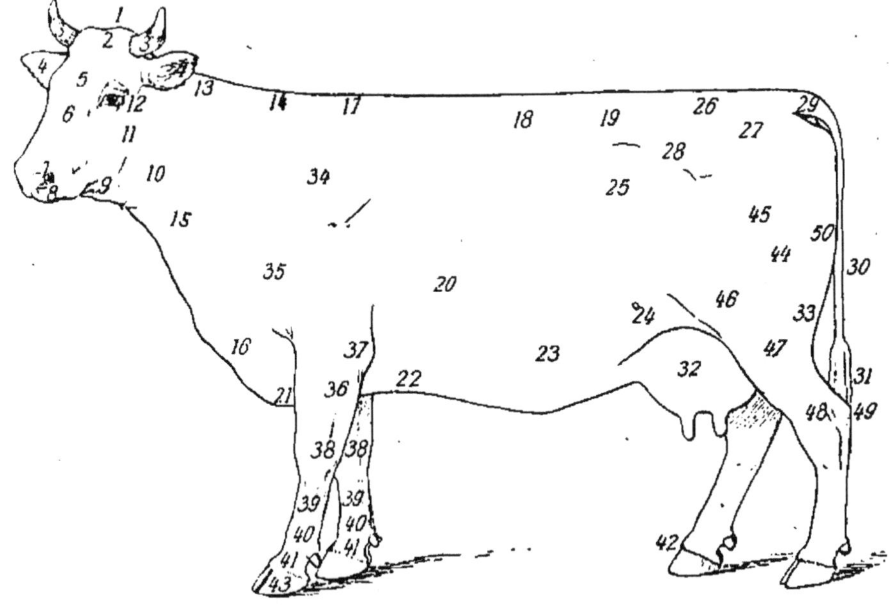

Fig. 26. — Schéma descriptif des Bovidés.

DÉNOMINATION DES PRINCIPALES RÉGIONS DES BOVIDÉS

1. Dessus du chignon.
2. Bourrelet.
3. Cornes.
4. Oreilles.
5. Front.
6. Chanfrein.
7. Naseaux et mufle.
8. Bouche.
9. Menton.
10. Ganache.
11. Joues.
12. Œil.
13. Nuque.
14. Encolure.
15. Gorge.
16. Fanon.
17. Garrot.
18. Dos.

19. Reins.
20. Côtes.
21. Poitrail.
22. Poitrine, passage des sangles.
23. Ventre.
24. Hampe.
25. Flanc.
26, 27. Croupe.
28. Hanche.
29. Base de queue.
30. Queue.
31. Toupillon ou houppe.
32. Pis ou mamelle.
33. Périnée, région de l'écusson.
34. Paleron ou épaule.
35. Pointe de l'épaule.
36. Avant-bras.
37. Coude.
38. Genou.
39. Canon.
40. Boulet.
41. Paturon.
42. Couronne.
43. Sabots ou onglons.
44. Cuisse.
45. Articulation de la cuisse.
46. Grasset.
47. Jambe.
48. Jarret.
49. Pointe du jarret.
50. Culotte.

II. — Choix du bovin d'engrais.

REMARQUES PRÉLIMINAIRES

A part quelques races, la race normande, cotentine ou augeronne, par exemple, il n'est guère possible de demander, d'obtenir surtout, un produit qui soit apte, à la fois, à l'engraissement et à la production laitière. Pour les bœufs, très souvent on se contente de les occuper dans leur première adolescence aux travaux des champs, autant pour les fortifier que pour en retirer un bénéfice journalier. Une fois l'âge adulte atteint, on les change de destination. Aucun travail ne leur est demandé et ils restent destinés uniquement à l'engraissement. Tantôt c'est le pâturage, dans d'autres contrées c'est la stabulation permanente, quelques rares pays préfèrent le régime mixte : pâturage et stabulation.

Les résultats dépendent, en grande partie, de la bonne administration de l'alimentation dont les effets sont aussi variables que le nombre des aliments susceptibles d'être recommandés. Cette longue question de l'alimentation mérite d'être bien connue, maintenant que les procédés rationnels sont nettement définis et certains. Pour notre étude actuelle nous ne nous occuperons que du second facteur à mettre en évidence : le choix du bovin d'engrais, bœuf ou vache.

Particulièrement pour le bœuf, un choix bien fondé s'impose. Pour la vache, il arrive fréquemment que le grand âge et l'usure, ou bien encore une mauvaise vocation laitière, un manque de soins pour la traite, une parturition laborieuse, déterminent la perte totale du lait dans un temps plus ou moins rapide. Si la bête triomphe des maux qui en sont la cause et la fin, la période de lait ne devant plus revenir, l'éleveur se trouve malgré lui obligé de sacrifier, en quelque sorte, la bête à l'engraissement. Cette application zootechnique secondaire passe alors au premier rang et, comme pour le bœuf, l'engraisseur devra consacrer tous ses efforts en vue d'un prompt résultat. Du reste, l'abattoir, c'est le but final de la vie de tout animal domestiqué à la ferme. Après avoir procuré des services comme moteur ou comme machine à transformation, la bête, fatiguée, et pour ainsi dire usée, change de destination pour produire un dernier effort en terminant sa carrière à la boucherie.

Il existe un juste moment pour savoir faire profiter l'exploitation rurale des dernières ressources offertes par un produit sur le déclin. On ne peut pas donner sur le papier les moyens exacts de reconnaître l'apparition de cette époque. C'est une affaire de tact et d'expérience peu difficile à acquérir par la pratique. Dans le cas ordinaire de l'engraissement, il est certaines remarques sur lesquelles il faut réfléchir avant d'acquérir une bête. Comme pour les veaux d'élevage, nous avons groupé les moyens d'appréciation afin de faciliter la mémoire et l'examen rapide devant la bête présentée par le marchand.

CHOIX PROPREMENT DIT

Autant que possible ne pas acquérir une bête trop maigre. Il vaut mieux prendre des animaux déjà en chair pour les amener à l'état gras. C'est entre ces deux périodes que l'engraissement le plus rapide, le plus sûr, le moins dispendieux est obtenu.

M. Guéraud de Laharpe écrit à ce sujet :

« Les animaux jeunes engraissent plus lentement que les adultes, car une partie de leur nourriture est utilisée pour la formation du squelette et pour le développement du corps. La somme d'aliments qui suffit à engraisser l'adulte n'engraisse donc pas le jeune. De plus, leur viande, n'étant pas mûre, donne un rendement faible en première qualité, la proportion est aussi plus grande. L'âge adulte, qui arrive plus ou moins vite suivant le degré de précocité de l'animal, est indiqué par la dentition permanente qui est complète, avec les coins fraîchement sortis. C'est l'âge le plus favorable au meilleur engraissement, celui où l'on obtient la viande la plus mûre; il est de 36 à 40 mois chez les animaux précoces et il est retardé de 48 à 50 mois chez les autres. Les vieux animaux ont les dents très usées et le coefficient digestif est faible; ils s'engraissent donc lentement et fournissent une viande inférieure (1). »

La faculté à l'engraissement s'allie à une *poitrine* large qui doit s'avancer bien au-delà des membres ; à un *corps* cylindrique et allongé, ce qui dénote un animal tendre par opposition au dur, difficile à engraisser et qui n'acquiert souvent que les maniements de la hampe, des abords et du dessous.

On se souviendra de la célèbre observation de l'Inspecteur général Lefebvre de Sainte-Marie : qu'on

(1) Voir pages 97 et 122.

juge le bétail par instinct, par routine, par appréciation mathématique et raisonnée, l'avantage restera toujours à la bonne conformation.

On dit d'un bovin qu'il a un *beau dessus* quand l'ensemble du dessus du corps est régulièrement constitué et offre les beautés recherchées par les éleveurs. Plus le dessus, la *table*, sera droite plus le dessus sera beau.

Le bovin a un *beau dessous* quand, pour les mêmes raisons, le dessous du corps se rapproche de la perfection.

Il est dit *décousu* si les lignes d'ensemble présentent des irrégularités dans une ou plusieurs régions du corps.

Si pour les chevaux il est recommandé de ne pas aborder l'animal de façon à être impressionné par la beauté de la bête, avant l'examen attentif de ses régions, chez les bovins, on pourrait dire que c'est le contraire parce que les proportions et la finesse de la tête donnent assez nettement les caractères harmoniques de la race.

La distance qui sépare le garrot du sol sera sensiblement la même que celle existant entre la croupe et le sol. La hauteur de la tête représente les 2/5 de la hauteur totale de la bête.

La *nuque*, en arrière des cornes, sera puissante, car les nuques maigres ou peu développées dénotent un affaiblissement, une dégénérescence.

Les *yeux* seront grands, un peu saillants et doux, ce qui indiquera de l'intelligence et un caractère doux. Le regard sera assuré, l'animal pas farouche, se laissant bien approcher et toucher.

Les *lèvres* épaisses et les *joues musclées* indiquent que la bête se nourrit bien, ce qui est un signe précieux. Les bêtes aux mâchoires resserrées restent presque toujours maigres. *Naseaux* bien ouverts, *bouche* régulière et large, les *mâchoires* étant bien égales.

L'ensemble de la *tête* sera harmonique : la tête sera petite et ira en diminuant vers le *mufle* ou *museau*, qui sera mince de préférence et rosé.

Les *membres* seront courts, mais en proportion avec le reste du corps.

Le *genou* sera sec et flexible. Le *dos* ou *table* sera large, bien musclé, et long ; un dos rentré vers les côtes est mauvais et indique une colonne vertébrale faible. Le dos aussi sera plat, de même niveau de la croupe à l'épaule.

Un *cou* court est un bon indice. Il ne doit pas manquer de délicatesse et sera plutôt large à l'endroit où il s'unit aux épaules en diminuant vers la tête.

Le *fanon* sera petit, ou n'existera même pas. En tout cas il formera un repli onduleux sous la gorge et s'arrêtera à la naissance du cou.

Epaules larges sans se joindre brusquement avec le cou devant et le début de l'épine dorsale derrière.

Une épaule haute serre le passage des sangles et les épaules elles-mêmes. Si ce défaut ne paraît pas grand chez la bête laitière, il est et sera toujours un inconvénient grave pour le bovin d'engrais. La circonférence derrière les épaules doit être large.

Les *reins* larges, plats, droits et courts. Ils s'uniront bien avec le reste du corps par des attaches invisibles. Ils ne seront pas trop sensibles au pincement, car leur trop grande sensibilité, comme du reste leur trop peu de sensibilité, indiqueront un état maladif anormal (1).

L'importance de la bonne conformation des reins est capitale à tous les âges de la bête. Bien examiner cette région complètement à fond.

Le *garrot* sera peu saillant et bien attaché.

Un garrot bas avec une croupe haute est un défaut considérable qui nuit toujours au bon développement de la poitrine.

Les *côtes* bien arquées et la distance entre la dernière côte et l'os crochu (hanche ou illium) sera petite puisque la longue distance entre la hanche et la côte laisse la longe creuse et tend au relâchement d'entrailles. Un animal à *flanc* creux ne s'engraissera jamais bien et surtout il demandera un temps très long qui ne donnera pas de grande compensation pécuniaire.

(1) Voir page 105.

Les *illiums* doivent être bien séparés et presque de niveau avec l'épine dorsale. Les quartiers longs et droits depuis l'os crochu jusqu'à la croupe sont un parfait indice à tenir compte. *Culotte* bien dessinée, la plus volumineuse possible, développée bien régulièrement. — Une culotte régulière part obliquement de la croupe. Elle acquiert son plein développement au milieu de la cuisse et vient s'attacher brusquement vers le jarret un peu au-dessus.

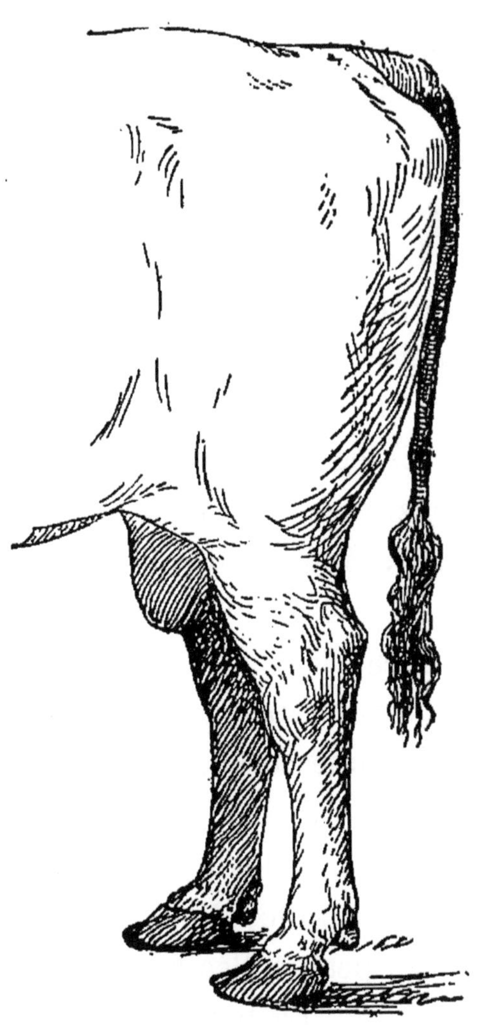

Fig. 27. — Culotte plate.

Le *ventre* ne sera pas descendu, avalé, avachi, pendant, ou encore retroussé comme dans les bêtes de certaines races quasi rebelles à l'engraissement.

Les *jambes* charnues jusqu'aux genoux et jarrets,

mais elles doivent être tendineuses, à partir des jointures. Cette dernière partie de l'animal de boucherie doit rester la plus petite possible et la moins lourde, car elle fait partie du cinquième quartier, ce qui indique, en terme de boucherie, une non-valeur plutôt en charge qu'en bénéfice.

La *queue* sera de niveau avec le dos et s'amincira jusqu'à son extrémité. La queue trop fine ou trop longue est l'indice d'un animal peu perfectionné. Les *sabots* seront petits ; les cornes minces et pointues, légèrement attachées à la tête . Les *cornes* ainsi constituées dénotent un squelette mince si propre aux animaux d'engrais ; elles seront de substance fine, presque transparente et de couleur plutôt blanchâtre.

Les *chairs*, bien élastiques au toucher, devront offrir une certaine résistance à la pression.

La *peau* sera fine, onctueuse et se laissera bien rouler sous les doigts, facilement surtout à l'avant-dernière côte. (Voir page 109.)

La peau collée aux côtes est un signe précurseur de maladie. La bête n'est pas de bonne santé ou ne s'y trouve plus.

Pour les *bêtes maigres* regarder particulièrement le maniement du cœur. Si on sent à cet endroit la dureté du ganglion sous-jacent ne pas acquérir la bête. Si la peau à cette région et à la face interne des cuisses est souple et onctueuse, c'est que l'animal pourra être engraissé facilement et rapidement.

La *castration* ayant eu lieu à la mamelle, le *caractère* doux ou non remuant, suffisamment lymphatique, et l'appétit bon sont autant de bonnes qualités. Si le bœuf a travaillé légèrement pendant deux ou trois ans et s'il est âgé de quatre à six ans, ce sera la meilleure époque pour en obtenir l'engraissement rapide (1). Les animaux jeunes, comme les trop vieux, ne sont pas d'un bon rapport. On observera attentivement la *dentition* afin d'être assuré que l'animal peut se nourrir sans souffrance. En tout cas, si le bœuf se nourrit mal et ne profite pas immédiatement, il vaut mieux le revendre aussitôt que d'attendre; plus on attendra, plus les pertes grandiront.

L'engraissement des animaux maigres et même de ceux commençant à être en chair est réservé aux pâturages, c'est-à-dire à l'engraissement extensif. L'engraissement à l'étable, ou engraissement de pouture ou de stabulation permanente, ne peut convenir qu'à des sujets bien en chair en raison du prix trop élevé des aliments, auquel s'ajoutent les frais de main-d'œuvre et d'outillage.

On recherchera le développement des *masses charnues* comestibles se traduisant par la verticalité des lignes de la croupe et de la fesse, la largeur

(1) Voir pages 91 et 122.

et l'épaisseur de celles-ci, la largeur de la région lombaire et dorsale, l'épaisseur des masses charnues de l'épaule et l'horizontalité de la ligne dorsale.

Le *corps* du bovidé vu de profil doit, à la manière anglaise, figurer plus ou moins un parallélogramme rectangle dont les deux bases sont la ligne du dos et de la croupe et celle du ventre. Les deux autres côtés sont formés par la ligne de la fesse et de la cuisse en arrière, et en avant par la ligne partant du garrot pour aboutir à la pointe du scapulum. D'un autre côté, si l'ampleur de la poitrine et l'écartement des illiums forment deux lignes parallèles, le corps du bœuf d'engrais sera alors un parallélipipède rectangle assez parfait; plus il sera parfait, plus l'animal atteindra de valeur sur le marché.

Il existe de précieuses données sur lesquelles les acheteurs ne s'arrêtent pas souvent, pour ne pas dire jamais : ce sont les qualités des *aplombs*. Pour les chevaux on s'en préoccupe toujours, et avec raison. Ces signes conservent leurs mêmes valeurs en faveur des bovidés, surtout pour les vaches dont les vocations multiples réclament une parfaite solidarité des organes en jeu. Spécialement pour la formation du troupeau, pour la pureté du produit à venir, les exigences des aplombs seront à observer En effet, en quoi consistent les aplombs si ce n'est à donner à la direction des membres leur juste valeur comme aux membres eux-mêmes qui sont intimement liés à la bonne aptitude physique. Une vache de mauvais aplombs, c'est-à-dire *fausse* en aplombs, ne sera pas bien douée constitutionnellement. On observera donc les prescriptions, tout au moins dans leurs grandes lignes, qui sont données en faveur des chevaux, et l'on dira, par exemple, qu'une vache *campée* n'a pas grande résistance dans les reins ; que si elle est étroite du devant, *serrée*, son volume respiratoire n'est pas développé autant qu'il le devrait ; que si la vache est *close*, elle n'aura qu'un faible réservoir lactifère...

« Les *aplombs*, dit M. Marcel Vacher sont (1), la bonne résultante de la direction des membres. On aura donc à examiner les aplombs antérieurs, c'est-à-dire ceux de l'avant-train, et les aplombs postérieurs, c'est-à-dire ceux de l'arrière-main (2).

Lorsque, pour examiner les aplombs antérieurs, on se place en face de l'animal et que l'on mène une verticale fictive depuis le milieu de l'avant-bras jusqu'au sol, cette verticale doit partager en parties égales le genou, le boulet et le pied. Lorsque le genou ou le pied s'écarte de cette ligne, c'est que les genoux sont cagneux ou cambrés et les pieds cagneux ou panards.

(1) Appréciation du Bétail dans les concours.

(2) Voir pages 263 et suivantes.

Lorsqu'on se place sur le côté de l'animal et que l'on mène une ligne qui part du milieu de l'articulation du coude, cette verticale tombera normalement un peu en arrière du sabot, partageant, à son passage, le genou en deux portions sensiblement égales.

Toute déviation du membre en dehors de cette verticale est un indice d'un état de souffrance ou d'infériorité.

Pour les aplombs postérieurs, on se place en arrière de l'animal et on abaisse une verticale depuis la pointe de la fesse jusqu'au bas du canon, en passant par la pointe du jarret et le tendon; si les jarrets sont en dehors de la ligne d'aplomb, c'est qu'ils sont trop ouverts; s'ils sont en dedans, c'est qu'ils sont clos ou trop serrés; le jarret trop droit ou trop coudé se montre également en dehors de la ligne d'aplomb.

Toutes les défectuosités des aplombs sont le plus souvent héréditaires. Il importe donc d'en éviter la reproduction, non seulement chez le bœuf de trait, qui présente une moindre valeur parce qu'il donne un moindre travail utile avec des aplombs défectueux qu'avec des aplombs réguliers, mais aussi chez le bœuf de boucherie, qui a besoin, lui aussi, de bons aplombs pour supporter sa masse de viande et la faire valoir.

Un animal qui possède de bons aplombs doit présenter une allure régulière et facile.

Il est important, dans l'examen d'un animal, de le faire marcher, non seulement pour juger de son allure, mais pour bien se rendre compte de la régularité de ses lignes et de ses formes dans l'action.

Souvent, en effet, un animal bien présenté cache, au repos, des défauts que la marche fait découvrir. C'est ainsi que dans l'allure apparaissent plus ostensiblement tous les défauts de rectitude du dos et des aplombs.

L'allure sera libre et décidée si, pendant l'épreuve, les reins et les membres se montrent à la fois forts et souples. Il sera utile, après avoir fait marcher l'animal et l'avoir considéré à l'aller et au retour, de le faire tourner sur lui-même, d'un côté, puis du côté opposé, pour se rendre compte de la souplesse du rein et du parfait appui des membres. »

Pour faciliter l'appréciation des aplombs nous renvoyons le lecteur aux figures données pour le cheval, page 262. Pour l'appréciation et l'âge par la dentition se reporter au chapitre spécial, page 64.

Pour les fonctions normales, voir page 150.

III. — Choix de la vache laitière et beurrière

CARACTÈRES GÉNÉRAUX

Le Professeur Dechambre écrit, dans son remarque ouvrage sur « la Vache laitière » : « La vache laitière est une bête de rente, un *capital fixe*, c'est-à-dire un capital qui fournit un intérêt régulier et que l'on a avantage à entretenir aussi longtemps que dure cette régularité. Par son fonctionnement, toutefois, la machine se détériore. Le capital initial baisse progressivement. Il est donc nécessaire de prélever sur les bénéfices réalisés une certaine somme destinée à compenser cette usure, à assurer le remboursement du capital. C'est la prime d'amortissement. Or, plus longtemps sera entretenue la machine, plus sûrement elle sera amortie. La prime annuelle pourra aussi être moins forte et le bénéfice net majoré de toute cette diminution. La nécessité s'impose donc d'arrêter son choix sur des femelles jeunes pouvant fournir une longue et fructueuse carrière. »

Cette considération générale étant exposée, nous allons passer en revue les régions de la vache laitière et beurrière en indiquant les beautés des ces régions.

La *tête* sera légère d'apparence, bien portée, sèche sans empâtement de chairs, surtout aux ganaches, allongée plutôt que large ; la finesse et la netteté des contours seront des qualités à considérer dans tous les cas. La tête sera brachycéphale ou dolichocéphale, suivant les races choisies (1).

Mufle gros toujours humide et d'un jaune safran

(1) Voir pour définitions de ces termes page 19.

(qualité beurrière) couvert de rosée fine pas trop abondante. Les muqueuses seront d'une couleur rosée bien uniforme.

Bouche bien fendue et régulière, fraîche. L'haleine sans fétidité ne révèlera qu'une douce odeur des aliments ingérés. *Lèvres* mobiles et fines. *Dents* bien disposées régulièrement sur le chronomètre dentaire, larges à la face supérieure externe et suffisamment blanches (1).

Œil bien ouvert, plutôt à fleur de tête. *Regard* doux non larmoyant, toujours limpide, naturel, et dirigé droit sur l'observateur. On se méfie des animaux qui tournent l'œil sans tourner la tête. Ce faux mouvement révèle un animal sombre, à tendance farouche, caractères opposés à l'aptitude de laitière qui réclame le calme et la douceur. *Paupières* minces sans rides ni plis à leur surface, surtout chez les bêtes jeunes.

Oreilles fines, souples, plutôt allongées que petites, couvertes intérieurement de poils longs, fins et peu nombreux.

Cornes effilées d'une structure délicate, c'est-à-dire qu'elles ne doivent pas être très grosses à leur point d'attache sur le frontal. Cette grosseur n'est bien entendu que relative : la race Salers, par exemple, a la base des cornes d'une grosseur très grande,

(1) Pour l'appréciation de l'âge, voir page 64.

si on la compare à la petite bretonne des Côtes-du-Nord. Mais retenir que la grosseur de l'ossature de la base des cornes dénote souvent que les os sont plutôt spongieux que compacts.

Quant à la couleur de la corne elle varie avec les races. Ainsi le blanc est apprécié dans la cotentine, quand, au contraire, la corne aux extrémités noires est plus recherchée chez la bretonne. La corne foncée est plus dure que la claire.

Encolure plutôt longue, amincie près de la tête. Le coup de hache (1) n'est pas une particularité à observer, sauf s'il se trouvait exagéré à un tel degré que le point d'union de l'encolure au scapulum soit désagréable à l'œil.

L'encolure grêle donne au garrot une saillie prononcée. C'est un signe de faiblesse et de constitution mauvaise. Une encolure forte, empâtée, n'est bonne que pour les taureaux et passe, avec raison, pour indiquer l'énergie procréatrice du mâle.

Fanon mince peu développé.

Poitrine arrondie plutôt qu'étroite, mais courte plutôt que longue. La poitrine sanglée que l'on rencontre souvent chez de bonnes laitières est cependant une défectuosité. Dans les concours, comme sur les foires, ne pas se laisser prendre à la pratique si habituellement mise en œuvre pour atténuer le san-

(1) Voir page 187 la signification.

glement de la poitrine et qui consiste simplement à rebrousser le poil de cette partie à l'aide d'une brosse de chiendent.

Certains auteurs donnaient comme modèle une vache à poitrine étroite afin, disaient-ils, d'avoir un poumon faible et par conséquent une évaporation moindre. C'est là une grosse erreur, car il faut avant tout que les fonctions animales, quelles qu'elles soient, se fassent bien, sans la moindre gêne. Ne jamais prendre de vache sanglée. L'animal est dit *sanglé* quand les côtes sont resserrées en arrière des épaules; on voit une incurvation marquante de la ligne reliant le sternum et le ventre.

Respiration et circulation régulières (1); l'appétit sera bon, soutenu et il n'existera aucune toux, ni jetage.

Côtes à courbure prononcée surtout depuis leur point de départ près la colonne vertébrale (2). *Corps* allongé, arrondi et assez près de terre.

Colonne vertébrale droite, large et flexible surtout à la hauteur des reins. Cette particularité n'est pas à dédaigner lors de l'achat d'une bête. Quand l'amateur pincera les côtés de la colonne vertébrale en arrière du garrot ou sur la hauteur des reins, la bête devra creuser un peu la ligne du dos. Si l'animal est trop sensible, ou pas du tout, au pincement,

(1) Voir page 150. — (2) Voir page 129.

ainsi que nous l'avons déjà fait remarquer, il vaudra mieux s'abstenir de l'acquisition parce que cela dénote un animal de constitution anormale ou maladive, tout au moins au moment de l'observation. Pour opérer ce maniement l'observateur aura soin de se placer de façon à être à l'abri des atteintes de l'animal, car il arrive quelquefois qu'une bête non prévenue et quelque peu chatouilleuse se mette en défense au moindre attouchement sur la partie visée.

Il faut se souvenir que plus la bête est âgée plus sa ligne dorsale tend à s'infléchir; les parturitions laborieuses produisent un effet identique. Le dos creux ne sera pas dans ces conditions un défaut capital.

Les *hanches* ou pommeaux suffisamment saillantes seront bien écartées : l'écartement variera entre deux fois et demi et trois fois la distance intervisuelle. Mais elles seront égales et ne feront aucune saillie exagérée en dehors de l'aplomb des cuisses.

Le *flanc* pourra être large sans être trop creux.

Croupe large, régulière, pas trop chargée en chair, ce qui indiquerait une tendance aux fonctions adipeuses qu'il faut éloigner pour la vache exclusivement laitière.

Chez la vache, une croupe trop courte prédispose au moment de la parturition, ou même seulement à la fin de la période de la gestation, au refoulement en arrière de la matrice, ce qui provoquerait alors le renversement de cette partie. Les marchands disent que la vache *montre son bonnet*, ce qui est un vice constitutionnel de grande importance pour une bête destinée à la reproduction.

Si la croupe est plus élevée que le garrot, la poitrine se trouve mal ou peu développée. Cette mauvaise disposition provoque la toux par moments, ce qui n'est pas sans gravité pendant l'époque de la gestation et surtout au moment du part. On dit alors que la toux est provoquée par le refoulement du veau.

Comme toutes les femelles l'*arrière-train* doit être plus développé que l'avant-train et, pour la bonne reproduction de l'espèce, on devra examiner attentivement la forme et le contour de toutes les régions d l'arrière-train dont la partie droite doit être identiquement semblable à la partie gauche.

Le *ventre* relativement volumineux, arrondi, mais non avalé ; il indiquera de fortes mangeuses toujours avantageuses par leur exploitation.

Queue allongée, flexible, mince ; qu'elle ne soit pas trop enfoncée entre la pointe des deux ischions. La queue souple est un indice de bonne santé. La queue serrée entre les jambes indique presque toujours une souffrance intérieure. La queue sera terminée par un toupillon de poils fins et frisés dépassant le plus possible les jarrets. La proéminence de l'attache de la queue est un défaut plus ou moins grave suivant, la race considérée (1).

Membres plutôt courts ; ceux de derrière surtout seront écartés. La finesse des *canons* dénotera la finesse de la bête.

L'écartement des membres antérieurs fait présager un appareil respiratoire et circulatoire développé, par conséquent une active irrigation sanguine, point de départ indispensable à une active production du lait.

Epaules maigres plutôt que charnues, obliques et saillantes plutôt que droites, on évitera à tout prix l'épaule plaquée sur le thorax.

Cuisses et jambes larges, écartées, peu fournies de chair.

Vulve bien nette, normalement placée. Ecarter les *lèvres* et voir s'il ne se trouve pas des traces de plaies plus ou moins récentes, ce qui indiquerait les suites d'un renversement du vagin ou de la matrice. Ne pas acquérir une bête ainsi tarée, car à une autre parturition les mêmes inconvénients se reproduiraient ; leur gravité serait plus grande au point de perdre la bête par suite des déchirures internes qui se produiraient infailliblement.

La vache dont la vulve sera courte et renfoncée ne devra pas non plus être achetée.

(1) Voir page 120.

Pieds relativement minces, *onglons* lisses régulièrement conformés.

Mamelle volumineuse (V. p. 111), pendant librement entre les jambes avec peau fine, souple, lâche, revenant de suite sur elle-même lorsqu'on vient de la tirer. De couleur jaunâtre, garnie de poils fins peu nombreux ; en la palpant, elle donnera la sensation d'une éponge. *Trayons* réguliers, allongés, égaux, à large ouverture, sans plis, ni crevasses, ni verrues, ni induration, avec peau fine et lisse. Les trayons seront bien écartés les uns des autres, ce qui indiquera des réservoirs spacieux ; vus de profil, les trayons se masqueront deux à deux ; vus par derrière les deux trayons antérieurs seront plus espacés que les postérieurs.

Si les trayons sont rapprochés les uns des autres, il faudra que le pis, ou mamelle, soit développé de haut en bas plus que d'avant en arrière. Plus loin, page 111, nous examinerons en détail les remarques particulières à cette région.

Peau du corps fine, souple, onctueuse, lâchement attachée au tissu, se plissant avec facilité, d'un toucher doux. Comme nous l'avons déjà dit, on apprécie la peau sur les côtes et surtout sur l'avant-dernière. Il est clair que l'épaisseur de la peau doit être diversement appréciée car nous savons que les bêtes habituées à vivre au grand air, à subir, hiver comme été, les rigueurs atmosphériques, possèdent une peau beaucoup plus épaisse que les vaches habituées à des étables au milieu ambiant sensiblement uniforme, chaudes, humides. Mais ce qui importe essentiellement, c'est que dans toutes races la peau soit souple sous les doigts et qu'elle se détache bien du tissu sous-jacent en se laissant facilement rouler par les doigts.

Chez la vache la peau collée aux tissus donne les mêmes indices que pour les bovins d'engrais (1).

Le poil brillant, fin, indique un bon état général de santé.

A l'état de santé, lorsque l'heure du repas approche, les vaches commencent à beugler, elles s'agitent en sortant fréquemment la langue de leur bouche ; après le repas la vache se couche pour ruminer et lorsqu'on l'entend à nouveau mâcher cela est un très bon signe. A l'état adulte on compte quinze à dix-huit respirations par minute, dans l'adolescence de dix-huit à vingt et une, dans la vieillesse de douze à quinze seulement. La membrane intérieure du nez révèle l'état et la pureté de la circulation ; la couleur rosée est la plus recherchée.

Le maniement du pouls, qui doit battre de quarante-cinq à cinquante fois par minute, se fait surtout aux artères coccygiennes, à la base de la queue (2). On saisit en haut la queue avec les deux mains, les pouces en dessus et les deux premiers doigts pressent

(1) Voir page 96. — (2) Voir page 150.

légèrement sur les vaisseaux situés de chaque côté des coccygiens. Le nombre normal des battements et leur régularité est un des principaux signes de vitalité. Les vaches, comme les bœufs quand ils sont en bonne santé, se lèvent plus ou moins lentement en voussant le dos pour le creuser ensuite. Ces mouvements appelés *pendiculations* sont des signes certains de l'absence de toute souffrance aiguë de quelque importance.

Pour les *aplombs* et les *allures* se reporter pages 98 et suivantes.

CARACTÈRES LAITIERS PARTICULIERS

1° *Examen de la mamelle et des veines mammaires*

La mamelle (V. p. 109) est divisée en deux parties semi-globuleuses portant au centre un prolongement par où s'écoule le lait et appelé suivant les localités : mamelon, trayon, tétine ou glandule. Ces quatre trayons forment deux quartiers presque distincts : quartier postérieur, ensemble des deux trayons d'arrière, et quartier antérieur formé par les deux trayons antérieurs. Les trayons seront bien placés, bien écartés les uns des autres, les antérieurs portés un peu obliquement en avant, les postérieurs obliquement en arrière; ils ne seront ni charnus, ni trop petits.

Cet ensemble de glandes constituant la mamelle fonctionne réellement depuis la première gestation, depuis le moment où la jeune bête a été fécondée. Le liquide est le *colostrum* qui, quatre ou cinq jours après la parturition, se transforme petit à petit, en lait proprement dit ou lait parfait.

Le pis est assurément l'organe essentiel de la vache laitière et l'on peut dire avec les éleveurs que toute la bête réside dans son pis. Suivant la race considérée, plusieurs conformations sont bonnes, qu'il soit tombant ou large, en *bouteille* ou en *porte-manteau* peu importe, pourvu que le grand volume y soit.

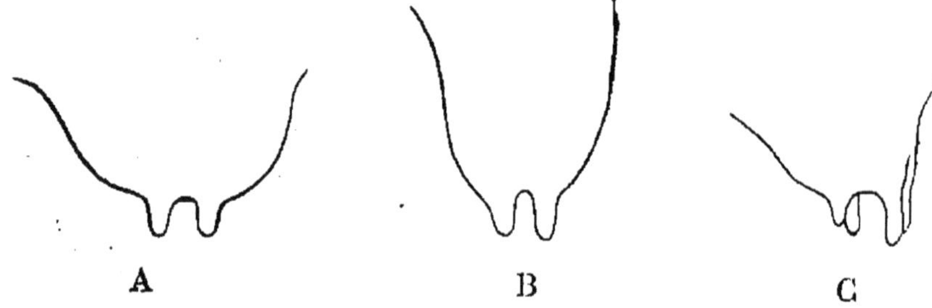

Fig. 28. — Types de mamelles.
A, type de bonne conformation; B, pis en forme de bouteille; C, type de mauvaise conformation.

Ainsi que l'écrit le professeur Dechambre : « La forme du pis dite « en porte-manteau est présentée par des vaches jeunes et en plein rapport. Sur les vaches avancées en âge qui ont eu plusieurs lactations, on trouvera fréquemment une mamelle détachée de l'abdomen dont le grand axe est vertical et non plus horizontal, avec, en même temps, des trayons épais et pendants. C'est la forme « en bouteille », elle n'est pas nécessairement incompatible avec un bon rendement laitier, mais elle indique une vache d'âge ou une vache manquant de finesse ».

La meilleure conformation, c'est-à-dire celle qui, par expérience, est reconnue la plus profitable, est la suivante : Pis carré s'attachant haut sur le périnée, ou plus exactement sur le faux périnée, et prolongé le plus loin possible sous le ventre. Il s'avancera loin sous cette partie et débordera en arrière des cuisses d'autant plus que la bête aura de lait. Il sera gros sans être charnu ni graisseux, car la peau dure avant la traite l'est encore après dans ce cas. Le pis sera en outre bien symétrique et on considérera comme ayant les mamelles malades les vaches dont le pis sera inégal, bosselé et qui n'offrira pas la même consistance, la même souplesse sur toute son étendue.

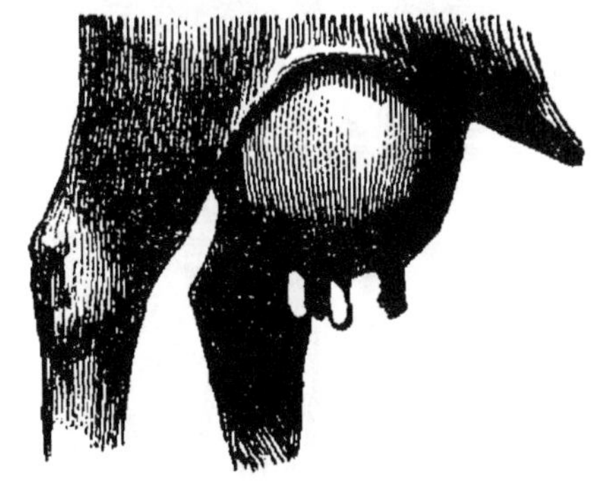

Fig. 29. — Mamelle mal faite.

Les veines mammaires seront grosses et ondulées. Les veines qui se trouvent sous le ventre seront très développées et à leur passage à l'intérieur du corps, *fontaines inférieures du lait*, elles laisseront un espace d'autant plus large que la production lactée sera abondante dans le pis. Les veines seront d'un toucher souple. Cette exploration des fontaines est

Fig. 30. — Type de pis bien attaché et bien conformé.

toujours le plus sûr moyen de ne pas être trompé par

l'apparence extérieure des vaisseaux sanguins ; elle est du reste facile à pratiquer à l'aide du doigt, mais on se souviendra qu'elle n'intéresse que le quartier antérieur. Pour la bonne qualité du quartier postérieur, on consultera les veines du faux périnée en arrêtant à l'aide de la main et à la base du périnée le passage du sang, facile à arrêter en pressant sur cette base. Le sang affluera dans les vaisseaux au point d'obstruction et il sera aisé de voir exactement la grosseur des veines gonflées. Retenir que les animaux âgés ont les veines toujours plus grosses que les sujets plus jeunes ; les veines périnéennes ne se voient bien que sur les bonnes laitières.

M. Antonin Rolet écrit : « Les veines de la moitié postérieure (du pis) sont moins visibles dans la région du périnée, la palpation de l'entre-fesse (entre la vulve et le pis) peut donner une idée de leur développement. Si les vaisseaux qui irriguent la glande mammaire et lui cèdent les matériaux du sang nécessaires à l'élaboration du lait sont peu développés, il y a des chances pour que la lactation soit de courte durée. »

Les *portes de dessus* ou *fontaines supérieures* du lait correspondent à une échine longue, c'est-à-dire à un corps bien constitué. C'est pour cette unique raison que l'on peut tenir compte, dans une certaine limite de cette particularité. Si les portes du dessus sont écartées ou, pour employer l'expression admise, si les portes sont largement ouvertes, la vache bien conformée peut posséder un appareil lactifère développé. Ces fontaines sont situées environ à la moitié de la ligne dorsale et juste sur le dessus de l'arête de cette ligne.

Plus la mamelle sera sillonnée de veines apparentes et variqueuses et plus la peau sera fine, plus la bête aura chance d'être bonne laitière.

Les veines mammaires entrent dans l'abdomen au niveau de l'extrémité inférieure du sternum par les deux ouvertures appelées portes ou fontaines inférieures de lait, comme nous l'avons dit plus haut. A ce point, les veines peuvent se diviser et se subdiviser et il y a alors plusieurs autres ouvertures, plus petites, bien entendu, que les 2 fontaines principales.

Quand on apprécie la force, le volume ou la pureté des différentes veines propres à la lactation, se souvenir que les veines du pis sont les plus sujettes à des variations, à des modifications profondes qui font souvent croire, à des observateurs peu expérimentés, à un état général peu satisfaisant, à la naissance de quelque souffrance. A mesure que la bête avance vers la date de son vélage, les glandes tendent à diminuer extérieurement. Leur jeu ne se fait plus uniquement en vue de la production du lait et leur contour semble « s'enfoncer », se cacher, comme le disent certains éleveurs. Pour eux c'est, paraît-il, un indice de gestation, mais, il faut bien l'avouer, cet indice n'est pas facile à isoler et il est nécessaire que l'œil soit doué d'un exercice quasi quotidien pour décider sans crainte d'erreur.

D'un autre côté, les veines mammaires, à peine apparentes dans la première période de développement, dans la jeunesse, deviennent petit à petit considérables quand, après plusieurs parturitions, l'action de traire, ou, pour parler plus dans le sens moderne, la gymnastique fonctionnelle a donné aux glandes tout le développement qu'elles sont susceptibles d'atteindre. C'est alors, à cette époque, qu'elles présentent les nodosités qui caractérisent avec raison les laitières de première lignée. On dit que la mamelle est variqueuse, *sillonnée* ou marronnée. Même sur ces bêtes de choix, quand l'activité de la sécrétion diminuera, les nodosités extérieures s'amoindriront de plus en plus en approchant du part et, pour cette raison, on prendra garde de ne pas désigner une *mamelle nette* (sans produit abondant), quand la laitière terminera sa période de production.

C'est donc surtout lorsque la vache vient de vêler que l'on peut juger avec certitude de la réelle valeur des veines mammaires, parce que la bête est dans sa « *forcée de lait* ». D'après Magne, les vaches qui donnent le plus de lait sont généralement celles qui le gardent le plus longtemps.

2° *Appréciations diverses.*

A la partie inféro-antérieure de l'épaule on trouve quelquefois une fossette bien appréciable au toucher et que certains éleveurs considèrent comme un caractère laitier de première importance.

Pour la vache laitière, on ne saurait trop s'attacher à l'acquisition d'une bête douce et docile. On devra s'attacher aussi à la spécialisation de la race, c'est-à-dire rechercher une bonne origine en l'appropriant au besoin qu'on en attend.

Une bonne laitière est généralement maigre, la production du lait et la formation de réserve trop abondante de graisse étant, pour ainsi dire, opposée l'une à l'autre. L'état normal de maigreur ne peut donc pas être une cause sûre de dépréciation, pourvu que la vache présente des caractères laitiers dans une certaine ampleur, mais d'un autre côté, il est inexact de prétendre qu'une bonne laitière doit être forcément maigre. Dans certaines régions mal éclairées, et malheureusement elles sont nombreuses, on se base sur l'état de maigreur pour se renseigner sur la quantité de nourriture à donner. Aussitôt que la vache donne une quantité de lait jugée suffisante, le propriétaire fait maintenir la ration à un chiffre estimé on ne sait trop comment, sans s'inquiéter des réserves adipeuses qui seraient si utiles à l'animal, s'il survenait quelque désordre dans son état général et normal. Il considère la graisse comme inutile et très coûteuse. Jusqu'à un certain point le raisonnement est acceptable, car, en effet, il est inutile d'accumuler sur la machine des matériaux dispendieux qui, pour le moment, ne sont que des pertes sèches ne servant à rien du tout, mais on doit toujours, en bonne exploitation, maintenir ses animaux dans l'état nommé « *en chair* », qui correspond à la meilleure condition pour la forte santé.

M. A. Rolet écrit : « Il faut rechercher chez la vache le caractère *féminin*, c'est-à-dire, avec une belle conformation, la sveltesse, une ossature ample, fine, légère, des membres courts et minces. D'après Baron, le tour du doigt au milieu du canon (au-dessous du genou) doit égaler au moins le dixième du tour droit de la poitrine au passage des sangles (indice dactylo-thoracique). Si ce rapport est plus grand, 1/9, 1/8, etc., le squelette est grossier. »

Il est difficile de reconnaître, par la simple inspection de la bête, si les qualités lactifères se prolongeront loin après la parturition et si, surtout, durant la gestation, le lait sera très beurrier. Toutefois quelques indices sont de bon augure. Ainsi une gestation se déclarant presque aussitôt après la mise bas abrège la durée de la période lactifère quand, au contraire, la castration allonge cette période, ainsi que nous l'avons déjà fait remarquer. Une peau épaisse avec des poils rudes, l'écusson très échancré, un gros squelette indiquent une perte rapide de lait tout autant qu'un caractère difficile et remuant. La grande courbure des lombes est favorable à une grosse production du lait et leur largeur indique la durée de la sécrétion. (Voir plus loin : *Système Lavril.*)

D'après les disciples de Lemaire, la conformation de la queue fournit de précieux renseignements sur la valeur lactifère. Le plus important est la finesse de la racine, qui doit être plutôt cylindroïde que conoïde. Dans ce cas, la vache donne du lait ordinairement longtemps. Chez les très bonnes laitières, la queue est longue, très mince à son origine et dans le reste de son étendue elle doit être fine, flexible et vermiculaire. L'extrémité de la queue est couverte de la matière furfuracée dont nous parlions plus haut ; cette matière légèrement jaunâtre est analogue à celle qui tapisse intérieurement les oreilles et la surface épidermique qui contourne l'anus et la vulve. On ne doit pas attacher une trop grande importance à la présence des petits trayons supplémentaires, mais il est cependant bon d'en tenir compte puisque ce caractère ne peut indiquer qu'une grande tendance à la lactation.

On repoussera autant que possible les vaches dont

un des trayons est plus petit, flasque, plissé ou configuré autrement que les autres. Les vaches dont une partie des mamelles paraît diminuée ou réduite caractérisent les bêtes que Guénon nomme *poupiques*. Quoique l'on ait dit que cet inconvénient était sans influence sur la production totale du lait, il vaudra mieux s'abstenir de cet achat parce que la bête gardera une tendance à devenir *manquette*, c'est-à-dire qu'elle pourra, plus ou moins rapidement, perdre un ou deux trayons qui ne donneront plus ou presque plus de lait. Nous avons eu maintes fois l'occasion de constater qu'une vache manquette produit tout autant que si ce trayon était resté constitutionnellement sain, car les autres parties de la mamelle deviennent plus actives et secrètent, à elles trois, sensiblement la même quantité, et bien entendu la même qualité, que si les quatre trayons concouraient au même but. Malgré cela, particulièrement sur les foires normandes, dans le Cotentin surtout,. on diminue la valeur de la bête de cinquante francs par chaque trayon manqué. Ce prix est si bien établi que la bête, une fois achetée et pour ainsi dire livrée à l'acquéreur, est susceptible de diminuer immédiatement de valeur à la simple demande de cet acquéreur qui constate, un peu tard il est vrai, l'état imparfait d'un trayon.

Si l'on veut acquérir une bête destinée exclusivement à la production maximum de lait, on tiendra compte des observations suivantes :

Les praticiens ont remarqué depuis de longues années que les meilleures vaches laitières des étables comme des herbages sont celles qui ont déjà eu plusieurs gestations. Ainsi un journal de laiterie du Hanovre rend compte à ce sujet d'une expérience de dix années qui a porté sur 2.000 vaches laitières en service.

Les résultats obtenus montrent que ce sont les vaches qui ont eu leur cinquième et même leur sixième veau qui ont donné le rendement maximum en lait et même en beurre. Le cultivateur toutefois n'a pas intérêt à conserver des vaches dépassant 8 à 10 ans car, à partir de cet âge, la production et aussi la qualité du lait tombent assez rapidement.

Dans les exploitations d'élevage, ou tout l'objectif n'est pas la production du lait, il vaudrait mieux choisir les vaches ayant eu leur troisième ou leur quatrième veau, car c'est à ce moment également, une fois la période de lactation en cours terminée, que la bête engraissée obtiendra sa plus-value sur le marché(1).

(1) Voir pages 91 et 97.

3° *Systèmes particuliers de l'appréciation lactifère.*

a) *Système Guénon.*

Dans certaines régions, on accorde au développement de *l'Ecusson*, d'après le système de l'observateur Guénon, une grande importance.

A ce sujet, voici ce que dit M. M. Vacher : « L'écusson est constitué par les dessins qui apparaissent chez la vache dans la région du périnée, c'est-à-dire dans la région de la face postérieure des mamelles jusqu'à une hauteur variable vers la vulve. Ces dessins sont limités par la direction inverse des poils. Les poils de la partie médiane et inférieure du ventre sont en effet dirigés d'avant en arrière, puis de bas en haut alors que les poils qui continuent la direction de ceux de la croupe, de la cuisse, des fesses sont toujours dirigés de haut en bas. Au point de rencontre des deux courants de poils opposés se montre donc une ligne nettement marquée qui détermine la figure fort variable de l'écusson. En d'autres termes, l'écusson comprend toute la surface des poils généralement très fins qui s'étendent de bas en haut et qui limitent la ligne descendante des poils plus grossiers des cuisses. »

On reconnaît les écussons de deux façons différentes : par la vue — on se place ou on cherche une place de laquelle on apercevra par réflexion les différentes directions des poils ; à l'aide de la main dirigée de haut en bas — les ongles rebrousseront alors le poil en remontant. L'écusson, formé par le contrepoil à droite et à gauche, a sa caractéristique; d'après ce qu'affirme Guénon, il correspond directement au réservoir du lait placé à l'intérieur et qui est dans un rapport admirable avec l'écusson de telle sorte qu'on peut toujours, sans risque de se tromper, décider que si la gravure aux écussons est grande, le réservoir du lait est spacieux et par suite le produit abondant. Que si, au contraire, la gravure est peu étendue, le réservoir petit ne pourra contenir que peu de lait.

Fig. 31. — Vue d'un Ecusson.

Rechercher les écussons réguliers, symétriques, sans à-coups dans la gravure, dont les poils vont dans la même direction. Lorsqu'il y a un défaut de contre-poil, quelle qu'en soit la direction (poil descendant ou dirigé de côté), c'est un défaut dans le produit. Si cette défectuosité réside dans la partie la plus élevée de l'écusson, la vache perd son lait de bonne heure. Sur certaines bêtes on remarque aussi un ou deux épis plus petits situés au-dessous et à une faible distance des parties génératrices. Ces épis indiquent que la lactation ne cessera que longtemps

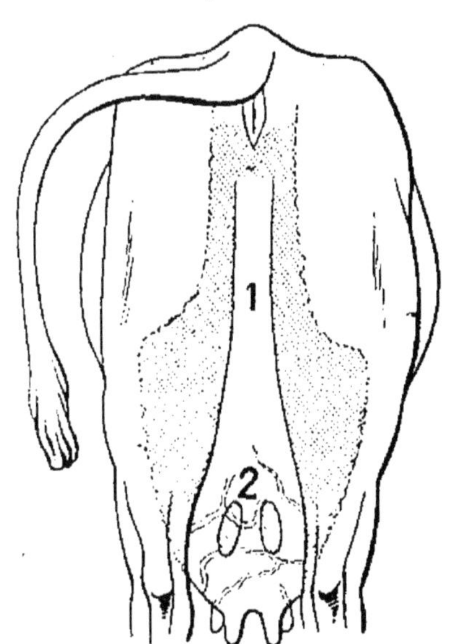

Fig. 32. — Ecusson de bonne laitière. 1 Périnée. 2 Ovales.

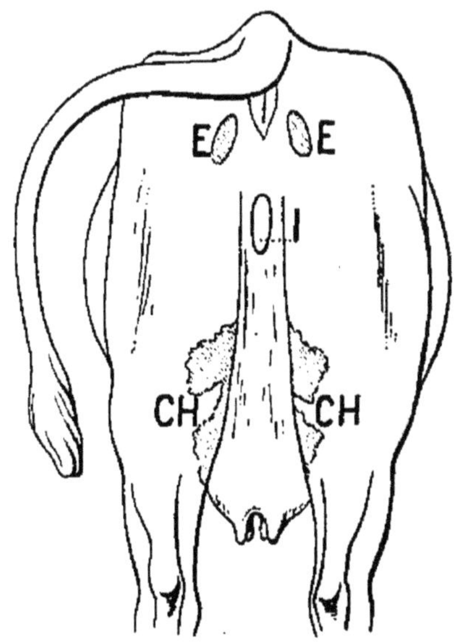

Fig. 33. — Ecusson de mauvaise laitière. EE Epis. I Interruption centrale. CH Echancrures.

après une nouvelle fécondation, mais elle ne sera pas abondante. Si ces épis coïncident avec un écusson large, l'abondance et la durée de la période de lactation sont néanmoins assurées. Comme les signes de Guénon sont apparents chez les jeunes bêtes, même sur celles qui n'ont que quelques mois, par l'inspection des signes précités on pourra bien ou mal augurer des qualités de la vache à venir. Les épis situés sur la mamelle semblent donner un signe favorable.

Une vache grasse paraît avoir plus d'écusson qu'une vache maigre dont les tissus ne sont pas gonflés.

On pourra pousser plus loin l'examen des écussons en examinant la partie comprise entre la mamelle et les membres lorsque la vache est en marche.

Nous résumerons les controverses qui ont eu lieu au sujet des Écussons par l'appréciation si autorisée de deux zootechniciens remarquables.

Voici l'opinion de M. M. Vacher :

« Le système Guénon, malgré les critiques qu'il a soulevées, les erreurs souvent exagérées qu'on lui a imputées, demeure néanmoins comme un de nos moyens essentiels de reconnaître les bonnes laitières. Il ne doit jamais être négligé dans le choix et la sélection des vaches laitières, car les renseignements qu'il fournit ne sont pas négligeables et méritent d'entrer en ligne de compte avec les autres signes rationnels de la bonne laitière. »

Il ne faut pas admettre à la lettre toutes les données de Guénon en faveur de son système particulier. Nous recommandons au lecteur de s'en tenir aux données générales que nous venons de lui soumettre. De cette façon il ne peut craindre les erreurs.

Voici maintenant l'opinion du professeur Dechambre, qui met en garde un peu le lecteur contre l'emploi exclusif du système.

« Les observations que nous avons pu faire nous ont donné une forte proportion d'erreurs. Nous avons même rencontré des vaches chez lesquelles l'épi était situé sur le bord supérieur de l'encolure, c'est-à-dire en avant du garrot, ce qui serait un très mauvais signe. Or ces vaches étaient bonnes ou assez bonnest laitières (1). »

b) *Système Lavril.*

Depuis quelques années, on a beaucoup parlé, et avec raison, du système Lavril qui est mis en pratique par de nombreux vachers et particulièrement chez les nourrisseurs de Paris et des environs. M. Lavril, professionnel expérimenté, a lui-même donné la façon la plus simple, la plus sûre, de mettre en pratique ses conseils et ses observations en vue d'obtenir, de discerner les meilleures laitières dont on désire peupler ses herbages, ses étables. Mon système, dit-il, est mis en pratique depuis 20 ans et je l'ai fait expérimenter par plusieurs cultivateurs auxquels il a donné d'excellents résultats. Je n'ai pas la prétention de dire qu'il est infaillible (il faut bien quelques exceptions pour confirmer la règle). Mais

(1) Voir page 149.

je puis affirmer qu'il a été reconnu exact dans 90 pour 100 des cas étudiés.

Du reste, nous allons nous efforcer de montrer combien ce système est facile et combien il nécessite peu d'apprentissage, si apprentissage il y a.

M. Lavril abandonne les procédés employés de nos jours, qui consistent dans le choix par les signes extérieurs tels que finesse de la peau, onctuosité des parties découvertes, veines mammaires très développées et variqueuses, cérumen abondant, etc. Ces signes, nous l'avons vu, sont d'un grand secours, mais demandent quelque expérience et une pratique persévérante. Les données de M. Lavril se réduisent à une bien simple expression. L'observateur borne son système à deux parties dont l'une, la première, consiste à apprécier la grosseur, le développement, du haut de l'os frontal sur la partie qui relie les deux cornes. Plus cette saillie, ce cordon, pour employer le mot même de l'auteur, sera mince ou petit, plus la vache donnera de lait. La deuxième partie du système, plus importante, consiste à apprécier l'écartement existant entre les deux dernières côtes, celles qui sont près du flanc; plus l'écartement sera grand, plus la vache donnera de lait.

Nous avons déjà eu l'occasion de mettre à profit ce point d'appréciation qui nous a donné de bons indices de forte lactation. Mais M. Lavril, en poursuivant ses nombreuses observations, est parvenu à donner des mesures à prendre avec l'aide des doigts seuls, ce qui facilite considérablement le choix en lui donnant plus de sûreté.

En passant, il est bon de remarquer que les auteurs sont d'accord pour dire que l'écartement intercostal découle d'une parfaite conformation chez la laitière. M. le vétérinaire Charamond, de Pacy-sur-Eure, a conclu dans un rapport motivé que « l'écartement des côtes indiquera une cage thoracique considérable, des poumons et des organes ayant acquis une grande dimension aux dépens des autres, inutiles au point de vue de la production du lait ; le rumen aura de la place pour s'y dilater ».

D'après M. Dechambre ses observations personnelles sur le système Lavril ont donné pour résultats :

favorables.................... 57 o/o
contre........................ 30 o/o

En 1896, la Société centrale d'agriculture de la Seine-Inférieure a étudié sur 126 vaches les signes du système Lavril. Comme nous le disions en débutant, 90 fois sur 100 les résultats ont été des plus concluants et des plus affirmatifs. Aussi, à la suite de ces expériences, faisant suite à d'autres expériences également probantes, il a été reconnu et établi comme constantes à retenir : 1° que les aptitudes laitières se manifestent le plus souvent en raison directe de la largeur existant entre les deux dernières côtes ; 2° et que toutes les vaches présentant au moins un espace intercostal de deux doigts et demi à trois doigts de moyenne grosseur (ou 5 à 6 centimètres) peuvent être considérées comme bonnes laitières.

M. Lavril établit ainsi les bases de son ingénieux système pour lequel il s'est efforcé de donner les règles précieuses suivantes :

a) Espace intercostal de un doigt et demi (trois centimètres) ; médiocre laitière donnant une productions moyenne de 12 à 15 litres par jour.

b) Espace de deux doigts (4 centimètres) laitière ordinaire, donnant 16 à 19 litres.

c) Espace de 2 doigts 1/2 (cinq centimètres), bonne laitière, donnant 20 à 22 litres.

d) Espace de 3 doigts (six centimètres), très bonne laitière, donnant de 23 à 26 litres.

e) Espace de 3 doigts 1/2 (sept centimètres), cas très rare, excellente laitière, donnant de 27 à 30 litres par jour et quelquefois plus.

Nous avons personnellement mis en pratique le système Lavril et nous nous empressons d'ajouter qu'à part de très rares exceptions nous en avons tiré un parti avantageux. Comme tous les systèmes basés uniquement sur des conformations extérieures, si variables avec les individus et les races, il va de soi qu'il ne faut pas irrémédiablement rejeter une laitière sous prétexte que les espaces intercostaux, ou l'os frontal ne répondent pas aux conformations admises, comme il ne faut pas prendre non plus, sans autre examen, la laitière dont ces derniers caractères seront bien visibles. Mais avec l'aide du système Lavril et des autres caractères laitiers que nous avons donnés, on est à même de discerner avec justesse les meilleures laitières d'un lot et l'on ne sera pas embarrassé de choisir sur les foires ou autres rendez-vous, les bêtes qu'on a à ramener dans les étables ou dans les prairies. On se trompera d'autant moins qu'il est à considérer que les caractères Lavril correspondent presque toujours aux autres caractères laitiers connus, on aura à sa disposition deux méthodes dont l'une confirmera l'autre.

En terminant nous ferons remarquer que le grand espace intercostal ne se rencontre pas uniquement chez les grandes races à poids élevé, comme on nous l'a objecté dans quelques occasions.

Le grand espace intercostal se présente chez toutes les bonnes laitières, même dans leur jeunesse (puisqu'il n'est pas rare de l'observer chez des vaches génisses de 1 à 2 ans), et dans toutes les races depuis les ellipométriques jusqu'aux hypermétriques.

c) *Données théoriques.*

Dès 1888, le professeur Baron avait indiqué la manière d'apprécier l'aptitude lactifère par une méthode spéciale dite *méthode de pointage.* Nous indiquerons plus loin, dans un chapitre séparé, comment apprécier le bétail dans les concours à l'aide du pointage. Mais ici, la méthode du professeur Baron viendra renseigner l'observateur plus particulièrement en ce qui concerne le volume du lait secrété par la vache soumise à l'examen.

Dans le système, il y a quatre caractères principaux. Chaque caractère obtiendra une note évaluée de 0 à 20. Il sera multiplié par un coefficient variable suivant l'importance du caractère. Le total représentera la proportion de la valeur lactifère comparée à la perfection équivalant à 100 points.

Voici un exemple d'une vache ayant les 76 centièmes de la perfection :

CARACTÈRES	COEFFICIENT	NOTE OBTENUE	CALCUL	TOTAL
Pis...................	3	15	15 × 3	45
Finesse...............	1	16	16 × 1	16
Signes empiriques.....	½	16	16 × 0,5	8
Conformation générale.	½	14	14 × 0,5	7
				76

Ce degré de perfection étant déterminé, voici comment il sera utilisé.

Il a été constaté que, chez une laitière parfaite, pour ainsi dire idéale, le rendement annuel et tota de son lait était équivalent au résultat obtenu en multipliant le carré de son tour de poitrine par 1.200. Cette formule s'exprime ainsi : $C^2 \times 1.200$.

Donc, une vache mesurant 2 mètres de tour de poitrine, donnera $2 \times 2 \times 1200$, soit 4.800 litres de lait par an si elle était idéale.

Or, la vache considérée au pointage ayant donné les 76 centièmes de perfection, pour obtenir le volume réel du lait secrété, il faudra prendre les $\frac{76}{100}$ des 4.800 litres, soit $\frac{76 \times 4.800}{100} = 3.648$ litres de lait par an.

D'un autre côté, il résulte, des expériences et des constatations nombreuses faites sur ce point, le petit tableau suivant qui indique combien de fois une vache peut donner son poids en lait.

Laitière parfaite		donne	10	fois.
Très bonne laitière		—	8	—
Bonne	—	—	6	—
Moyenne	—	—	5	—
Médiocre	—	—	4	—
Mauvaise	—	—	3	—
Très mauvaise	—	—	2	—

CARACTÈRES BEURRIERS PARTICULIERS

En outre des caractères généraux de santé, de capacité digestive, etc., voici certaines particularités que nous présentons comme caractères beurriers.

Choisir d'abord une race beurrière reconnue telle, par exemple, les vaches bretonnes, jersiaises, cotentines, tandis que, pour une vache de service dans une laiterie, la vache flamande ou hollandaise donnera plus de lait pendant une durée plus longue ; on la choisira d'un taureau jeune (15 à 24 mois), et d'une vache ayant une bonne lignée et âgée de cinq à douze ans.

Placé à gauche de la vache, on recherchera, avec la main gauche et sur le côté de l'encolure, la veine qui longe le bord antérieur de l'épaule et que l'on considère comme un signe infaillible beurrier si cette veine est volumineuse (l'étendue de la veine est de quinze à vingt centimètres sur trois de diamètre).

Plus le poil est rugueux et court, plus le lait aura de qualité, surtout si à cet endroit la peau est jaune, grasse et onctueuse.

Un excellent signe beurrier est celui qui est tiré de la coloration jaune de toute la peau. Cette coloration se remarque particulièrement sur le mufle et aux points où la peau s'amincit pour devenir une muqueuse autour de l'anus et de la vulve, au voisinage des yeux. On voit nettement cette coloration jaunâtre à l'oreille par transparence.

La matière cérumineuse jaune safrané, surtout si elle se trouve abondante, est considérée, à juste raison, comme une qualité beurrière de première importance; toutefois si le cérumen n'est pas abondant, mais que par transparence l'oreille possède la même couleur jaune spéciale, le caractère beurrier conserve sa valeur.

Les vaches à peau blanche et au poil clairsemé donneront un lait séreux et maigre.

En étendant la main sur le bord flottant du fanon on recherchera un corps assez résistant désigné sous le nom de cartilage ou de *garot*, qui n'est autre qu'un épaississement du tissu cellulaire. Ce signe est particulier aux vaches dont le lait est crémeux.

La matière furfuracée que l'on détache avec l'ongle, dans la région de l'écusson et sur la mamelle, dénote un caractère beurrier d'autant plus grand que cette matière sera abondante et en voici la raison : le son ou matière furfuracée est une matière qui suinte de la peau et qui se détache à l'air ; son abondance indique que les fonctions de la peau s'exécutent bien, ce qui est indispensable dans la circonstance.

M. Renoult-Lizot a remarqué que les vaches dont

les papilles buccales qui se trouvent à la face interne des joues, en dedans de la commissure des lèvres, sont, développées, larges, plates, grosses et rondes, sont en général, bonnes de service beurrier, mais il faut que les papilles soient arrondies en cylindre et non coniques (très mauvais signe) et plus elles sont plates plus le signe est favorable.

Nous ne pouvons passer sous silence l'étude publiée par la Société des Agriculteurs de France en 1909 sur les « conséquences pratiques des Concours beurriers » dont nous extrayons les passages suivants :

« A Jersey (mai 1906), la vache primée la première avait été Karnak, sept ans, fournissant en 24 heures 1.541 gr. de beurre avec 24 kilogr. de lait.

A Forges, en mai 1906, la vache la première primée avait fourni 1.355 gr. de beurre en 24 heures.

A Rouen, en mai 1907, *Belle-en-tout-temps* a fourni 1.415 gr. de beurre en 24 heures.

Il est indispensable, si on veut exploiter des bêtes avec profit, de ne plus s'en tenir à l'examen empirique pur et simple des animaux, mais de s'assurer de la valeur de ces sujets.

Ces vaches bonnes beurrières, il faut se donner la peine de les chercher, de les sélectionner et de les conserver précieusement pour la création des familles beurrières dont l'exploitation sera de beaucoup plus rémunératrice que celle des sujets vulgaires.

Les concours beurriers permettent de fonder des familles de vaches supérieurement beurrières comme on a fondé des familles d'animaux de boucherie absolument remarquables sous le rapport de la bonne conformation.

On objectera peut-être que bonté et beauté peuvent se trouver associées ; sans doute, mais, d'autre part, il peut arriver que des laitières remarquables, fatiguées par des vêlages nombreux, aient perdu la régularité de leurs formes. Les voilà en état d'infériorité dans les concours ordinaires. Cependant ces animaux sont précieux à garder pour la reproduction des qualités. C'est pour cela qu'à Jersey il existe à la fois des concours de beauté et des concours de rendement. Or, ce sont les bêtes primées dans ces derniers concours qui atteignent les prix les plus élevés pour l'exportation.

Dans une ferme qui fait l'exploitation du lait et du beurre, il n'y a rien d'aussi commode et d'aussi sûr que d'obtenir des bonnes beurrières. On emploie la sélection des sujets avec la détermination directe de la matière grasse dosée par les butyromètres et pour chaque vache. Le cultivateur saura donc en peu de temps quelles sont ses bonnes beurrières, les bêtes qu'il doit conserver et chercher à leur bonne reproduction. Mais sur un champ de foire des opérations de contrôle ainsi comprises sont impraticables et c'est pour cela que nous recommandons les données que nous avons exposées plus haut comme caractères beurriers particuliers.

Nous terminons cet exposé par l'observation faite à la Société nationale par M. Saint-Yves Ménard, à savoir que les caractères d'une race pure et bien fixée sont difficiles à modifier.

Chaque race, en quelque sorte, produit un lait spécial, de composition déterminée, tout au moins peu variable ; l'alimentation, à cet égard, n'a pas une grande influence : les aliments, quels qu'ils soient, n'ont jamais transformé le lait d'une vache hollandaise en lait de vache bretonne. En revanche, si une alimentation riche et abondante ne modifie guère l'aptitude beurrière d'une race ou d'un individu, par contre l'alimentation a une très grande influence sur la production totale du lait qu'elle peut augmenter ou diminuer ; d'autre part, elle a une influence indiscutable sur les qualités particulières du lait, du beurre, au point de vue de la finesse, du parfum, de l'arôme, etc.

C'est ainsi que les grands beurres d'Isigny sont si renommés et inimitables par suite de la constitution de la flore et du sol des célèbres herbages et pâturages de la vallée d'Isigny. »

D'après les indications précédentes on peut dresser un tableau de pointage dans le but d'apprécier la valeur beurrière d'une vache. M. A. Rolet nous fournit l'exemple suivant :

CARACTÈRES	COEFFICIENT	EXEMPLE	
		NOTE	TOTAL
Secrétion sébacée de la peau..................	1	16	16 × 1 = 16
Cérumen de l'oreille.....	1	15	15 × 1 = 15
Couleur indienne de la peau..................	½ } 1	14	14 × 0,5 = 7
Pellicules de l'épiderme..	½	16	16 × 0,5 = 8
Papilles buccales........	1	15	15 × 1 = 15
Signes extérieurs d'une bonne conformation.....	1	15	15 × 1 = 15
			Total.... 76

M. Rolet ajoute : « Cette vache ne donnerait donc que 76 o/o de la quantité de beurre qu'elle fournirait si elle était parfaite beurrière. On admet que cette dernière produit 1 kilogramme de beurre par 15 litres de lait. Notre vache donnant 3.840 litres produirait donc 3.840 : 15 = 256 kilogrammes de beurre. Mais en tenant compte de son degré relatif de perfection, ce chiffre se réduit à 256 kg. × 0,76 = 194 kilogrammes environ.

Nous répétons que tous ces calculs sont très délicats, surtout pour un simple acheteur, sur un champ de foire, par exemple. En ce qui concerne, en particulier la richesse en matière grasse, un essai au Gerber, quand il sera possible, renseignera beaucoup plus sûrement. »

TROMPERIES ET RUSES

Il existe certaines ruses de marchand dont il faut se défier, telles sont : cornes grattées et polies ensuite afin de les amincir et de les effiler — écusson artificiel opéré avec la tondeuse et les coups de feu — tromperie sur la date du vélage en faisant accompagner la vache d'un veau qui ne lui appartient pas et surtout avec l'espoir de faire passer comme reproductrice une bête devenue taurelière ; tuméfaction de la vulve pour laisser croire une parturition récente — tondage de la ligne dorsale plus ou moins près de l'épiderme afin de cacher des défectuosités de la colonne vertébrale — tondage de la tête et du chignon pour donner plus de type à la bête — surélévation du sol des étables, à l'exception des allées, par un pavage quelconque afin de faire paraître les vaches plus grandes. Nous allons examiner de plus près les ruses les plus importantes.

Dans les foires on rencontre parfois des vaches sur lesquelles on a passé sur les fesses, avec plus ou moins de soin et d'habileté du reste, une tondeuse dans le but de leur effacer la gravure de l'écusson.

Il est évident que cette manœuvre ne peut et ne doit exister que pour cacher une mauvaise gravure et il sera très prudent de se méfier de la bête présentée dans ces conditions. Les marchands ne seront pas embarrassés pour tenter de convaincre l'acheteur sur l'opération : ce sera le vacher qui aura mal compris ses ordres, ce sera une vache dont le poil venait de repousser, ou ce sera une vache dont les démangeaisons avaient réclamé le rasement.

Il est plus sain de nettoyer les vaches et les bœufs, même de les étriller au besoin, surtout si ces animaux sont en stabulation. Mais si des marchands laissent accumuler les excréments sous les abris, dans les étables, c'est pour que les bêtes aient la *culotte mieux dessinée*, plus fournie, par la bouse qui se colle sur cette région pendant le décubitus. La bouse sèche s'agglutine vite. Inutile de dire que cette pratique, si peu recommandable, ne trompe guère l'acheteur compétent.

Il est d'usage constant de ne pas traire la vache à vendre, tout au moins depuis la veille au soir, afin que le pis, gonflé par le lait des traites sautées, atteigne son plus gros volume. Cet état anormal du pis est connu sous le nom significatif *d'empissement*. On ne devra pas se laisser prendre à cette tromperie facile à reconnaître par le toucher assez dur des différentes parties de la mamelle. Les trayons sont eux-mêmes fortement tendus et laissent échapper, en mince filet, le lait trop abondant aussitôt que la bête opère le moindre mouvement du train postérieur. Quand l'empissement est porté à un grand degré, même au repos le lait s'écoule. Certaines personnes se servent de ce défaut pour apprécier une qualité et disent que la vache qui laisse ainsi perdre son lait est une vache à traite douce, par conséquent d'un service commode. Le volume de la mamelle empissée ne donne qu'une valeur relative à la bête. Si l'acquéreur est quelque peu formé, il se renseignera beaucoup plus sûrement quand la bête a été traite en mettant en pratique ce que nous avons recommandé à propos de la mamelle.

Parmi les quatre trayons il peut arriver qu'il y en ait un qui ne soit pas percé dans toute sa longueur intérieure. Le lait ne peut être extrait par ce trayon sans valeur, il est moins développé et fait perdre une assez forte valeur à la bête, comme nous l'avons fait déjà remarquer (1). Le marchand qui ne craint aucun scrupule quand il vend sa bête à un inconnu, ce qui est courant sur tous les marchés, prend le soin d'amener un tout jeune veau qu'il place à côté de la vache en vente. Il fait alors croire à l'acheteur que le trayon défectueux, à aspect malingre, vient d'être tété jusqu'au dernier filet par le veau de sa vache. Le mar-

(1) Voir page 121.

chand s'empresse, afin de donner plus de vérité à son affirmation, d'humecter de temps à autre le trayon en question pour prouver suffisamment que le jeune produit vient d'abandonner, il y a encore bien peu de temps, ce trayon vide.

Il faudra se méfier de la pratique suffisamment courante par laquelle les marchands, sur les foires, font croire aux acheteurs que les vaches possèdent une grande activité dans la circulation, activité qui correspond, comme nous l'avons déjà fait observer, à une grande secrétion lactifère. Pour obtenir ce résultat trompeur, avant la présentation de la bête sur le champ de foire, le vacher flagelle le pis avec une poignée d'orties des haies ; le pis ne tarde pas à se gonfler. Ce résultat assuré, le vacher termine son « truquage » en flambant l'extrémité des poils afin de les faire paraître plus fins, moins longs et l'ensemble plus soyeux. Si ces maniements ne suffisent pas, pour colorer le pis jusqu'au carmin, le vacher n'hésite pas à faire arracher à la main la plupart des poils de la mamelle. La surface du pis se rougit pour quelques heures et si l'acheteur n'est pas prévenu il se croira en face d'une très bonne laitière en ce qu'elle accuse une activité sanguine remarquable par la couleur carminée de son pis. Comme la mamelle,qui a été ainsi préparée, devient sensible au toucher, si l'acheteur a une hésitation quelconque, il se rassurera aisément en maniant la surface du pis devenue sensible au moindre attouchement.

Bien se renseigner auprès du vendeur si la bête n'est pas atteinte de *nymphomanie*, particularité qui entraîne l'infécondité. C'est une cause de dépréciation de la bête et son prix doit être de beaucoup diminué. Comme il n'est pas toujours facile de se rendre compte, au moment de l'achat, de la nymphomanie, on exigera du vendeur des garanties. Se méfier des bêtes que l'on vous vend comme étant pleines de trois à quatre mois, car l'on sait qu'à cette époque il n'est guère possible de sentir extérieurement la présence du veau. Il existe néanmoins quelques petits tours de mains pour reconnaître si une vache est pleine depuis peu de temps, nous les indiquerons plus loin.

La bête nymphomane, ou taurelière, ou ribaude, est un sujet de trop dans un troupeau. Quand une vache est devenue taurelière, le meilleur moyen de l'utiliser, si on ne s'en débarrasse pas, c'est de lui faire conserver le plus longtemps possible son service de laitière en ayant recours à la castration. Par cette opération, délicate du reste, la vache conservera plus longtemps son lait et sera d'un bon recours chez les nourrisseurs des villes qui verront la période d'emploi dans leurs étables s'élever de onze jusqu'à dix-huit mois et quelquefois plus encore. Une fois la quantité affaiblie au point de ne plus rémunérer la valeur intrinsèque de la nourriture consommée, la bête ne devient bonne qu'à l'engraissement, puisque le retour du lait est devenu impossible par manque de gestation. En revanche, la bête sera plus facile à engraisser et engraissera plus rapidement que si elle avait conservé tous ses caractères physiologiques.

On peut reconnaître qu'une vache est devenue taurelière par le procédé suivant. assez simple pour être précis et mis à profit en cas de besoin; il consiste dans la direction du petit sillon placé entre la pointe de la fesse et la base même de la queue. Ce sillon, formant une dépression très visible, est assez semblable à celui qui se forme sur les mêmes parties quand la vache est disposée au vêlage. La seule différence existant c'est que le sillon qui annonce la parturition immédiate prend une direction droite parallèle à l'épine dorsale, quand le sillon qui caractérise la bête taurelière se dirige transversalement, à partir de la base de la queue, vers le côté de l'os qui forme la pointe de la fesse. Ces deux directions sont assez peu en rapport pour que l'observateur se trompe dans la valeur du signe qu'elles fournissent.

On est toujours pécuniairement trompé en achetant une vache pour pleine quand elle ne l'est pas. On sait que, par l'exploration extérieure du flanc à l'aide de la secousse du poing, exploration qui se fait à droite chez la vache et à gauche chez la jument — même si la vache vient de boire de l'eau froide, — on ne peut pas constater avec certitude la présence de gestation à moins que la gestation ne date déjà de quatre ou cinq mois, et encore n'est-il pas rare de se tromper. Par l'exploration interne on se rend compte évidemment de la situation, mais nous déconseillons formellement cette pratique par suite des accidents certains qui en résultent. En dernière limite, il faut s'adresser à un homme de l'art, au vétérinaire. Une pratique, qui nous a réussi dans bien des circonstances, se trouve à la portée de tout le monde pour reconnaître si la vache qui a déjà porté porte ou ne porte pas.

Il suffit de laisser choir quelques gouttes de lait, dans une éprouvette remplie d'eau, sans toucher aux parois. Les gouttelettes doivent être tirées le plus légèrement possible. Si le lait descend au fond de l'éprouvette sans se mélanger nettement à l'eau, la bête porte. Si, au contraire, le lait s'éparpille sans tomber au fond, la bête ne porte pas. Pour les génisses qui en sont à leur premier veau, chez les primipares, on ne peut recourir à cette pratique. Par la simple mulsion des trayons, on saura que la bête porte si le trayon laisse échapper quelques gouttes d'un liquide visqueux qui n'est du reste autre que la formation première du colostrum, et si ce liquide colle aux doigts. S'il ne colle pas, il est presque certain que la bête ne porte pas.

Si la bête est prête à vêler rien n'est aussi commode que d'apprécier cet état. Les primipares ne présentent pas le cas spécial dénommé *la bête se casse*. Chez tous les animaux la turgescence des mamelles, l'enfoncement de l'anus sous la queue, la tuméfaction de la vulve sont des signes précurseurs certains, ainsi que l'apparition des gouttes cireuses sur l'extrémité des trayons. Ce dernier signe indique presque toujours que la bête peut vêler dans les 48 heures.

REMARQUES PARTICULIÈRES

On rencontre encore des personnes qui se refusent d'acheter une vache lorsqu'elle présente des traces sur la peau indiquant du prurit, c'est-à-dire des démangeaisons. C'est souvent une erreur, car ces bêtes ont généralement la peau fine et les traces proviennent de l'habitude de se gratter sur les frottoirs ou les arbres plutôt que d'un réel besoin. Ces taches, dans ce cas, ne sont pas contagieuses et se guérissent par un ou deux lavages antiseptiques.

Nous avons entendu dire qu'une vache dont les cornes s'élevaient dans une direction plus ou moins verticale, de bas en haut, était farouche et que plus la direction était verticale plus le défaut s'accentuait.

Nous avons essayé maintes fois de contrôler le bien fondé de cette remarque empirique et, à de rares exceptions près, jamais nous n'avons pu arriver à une conclusion quelconque, si ce n'est à dire que la direction des cornes ne pouvait en somme rien indiquer au point de vue du caractère de la bête. La direction comme la façon de la corne sont variables suivant la race considérée. Ces variations forment une spécification très utile pour la classification des bovidés.

Il est toujours recommandable, quand on possède un troupeau d'une certaine importance, de ne pas y incorporer une bête nouvellement achetée, sans l'avoir isolée pendant un certain temps, dit d'observation, afin de s'assurer si la bête est en état parfait de santé et si elle n'est pas atteinte d'une affection contagieuse. Si on a quelque doute après un délai d'un mois, il sera bon de demander conseil à un vétérinaire. Aux alentours des villes, ne pas hésiter à faire l'application révélatrice de la tuberculine.

On appelle vaches *bâtardes* celles qui perdent leur lait très peu de temps après avoir été fécondées.

Sur les vèles comme sur les taureaux,un tissu cellulaire abondant et graisseux, dans la région sous-pubienne et des mamelons complémentaires, indiquent que les artères sont fortement développées dans ces régions.

Pour les personnes qui n'attachent aucune valeur au système écussonnaire que nous avons décrit, considérer toujours les plis formés en arrière par l'attache de la mamelle au reste du corps de la laitière.

Quand on achètera une vache et que l'on aura appris qu'elle avait déjà avorté, l'acheteur fera bien d'essayer de savoir si l'avortement était sporadique (accidentel) ou épizootique (contagieux) ou encore endémique (particulier à une région), car suivant ces renseignements il devra ou non décider l'achat de la bête et prendre au moment d'une prochaine parturition, ou même d'une gestation débutante, des moyens hygiéniques de circonstance.

Les marchands disent qu'une vache est *bonne de service* si elle donne beaucoup de lait et pendant longtemps.

Elle *n'a pas de service*, ou encore *peu de service*, si elle ne donne que peu de lait ou si sa lactation est de courte durée.

Nous n'accorderons aucune importance à la présence d'une rosace plus ou moins allongée de poils qui existe sur le dos de la bête et par laquelle certains empiriques disent que plus la touffe sera rapprochée des lombes plus la vache sera bonne laitière (1).

Dans certains pays, dans les régions où se trouve le berceau des races plus particulièrement, il existe

(1) Voir page 127.

certains acheteurs en bestiaux qui, moyennant une redevance de cinq à dix francs, achètent, pour votre compte et suivant vos exigences, les bestiaux que l'on désire recevoir. Ce procédé est très commode et bien employé de nos jours. Les acheteurs n'ont pas besoin de se déplacer, leurs frais de voyage et de séjour sont supprimés et l'on sait combien ils sont élevés dans le moindre déplacement. D'un autre côté, on profite de l'habileté consommée des gens du métier, d'autant plus prononcée qu'ils sont dans leur pays de trafic et de commerce. En s'adressant à des agriculteurs connus il n'y a pas de crainte à avoir.

Fonctions normales des Bovidés:

		JEUNE	ADULTE	VIEUX
Mouvements respiratoires...		18 à 21	15 à 18	12 à 15
Nombre de pulsations......		60 à 70	45 à 50	40 à 45
Température	bœuf........	38° à 38°,5		
	vache.......	38° à 39°,1		
	veau........	37° à 39°,7		

CHAPITRE V

CHOIX DES ÉQUIDÉS

Bien choisir un cheval est très difficile. Il faut avoir de nombreuses connaissances sur bien des points. Et encore il arrive que, par suite de la supercherie de certains vendeurs, le connaisseur qui ne porte pas toute son attention se trompe plus ou moins grossièrement.

Il faut beaucoup d'attention et de méthode. Au fur et à mesure, nous allons donner tous les moyens pour arriver à bien choisir un cheval, suivant la vocation qu'on veut obtenir de l'animal et la durée de ses services.

CONSIDÉRATIONS PRÉLIMINAIRES

Chacun sait combien l'étude des équidés est compliquée, autant par les connaissances anatomiques qui président la fonction de chaque organe que par les relations plus ou moins étroites, plus ou moins directes qui unissent entre elles les différentes fonctions animales.

Des connaissances anatomiques, nous n'en parlerons que très peu, afin de ne pas nous étendre sur des théories de pure technique et qui entrent dans le domaine de l'art vétérinaire. Ces détails deviendraient vite encombrants pour l'amateur peu initié à la zoologie, quoique cependant on se trouve souvent dans la nécessité de recourir à cette science, aussitôt que l'on désire pénétrer avec sûreté la cause et le but des organes mis en jeu.

En seconde ligne, nous trouvons la connaissance de l'Extérieur plus directe, plus visible et la seule, pour ainsi dire, qui puisse rapidement être utilisée sur le champ de foire. L'Extérieur est, à bien réfléchir,d'un précieux secours mais, pour le bien posséder, il faut se livrer à ses fantaisies le plus souvent possible, car il agit surtout par comparaison. Avec un type idéal qu'on parvient bientôt à se fixer dans l'esprit,il est aisé de comparer la valeur réelle des lignes d'un animal en inspection. Suivant le plus ou moins de rapprochement avec ce type idéal, on classera la bête examinée suivant sa véritable valeur, suivant l'importance de ses qualités.

De l'Extérieur on en a beaucoup dit et on en dit encore beaucoup. Il forme un chapitre entier dans la zootechnie spéciale et son importance est telle que, dans certains traités, spécialement écrits par des anciens hippiâtres, on peut dire qu'il formait toutes leurs considérations sur la zootechnie. Ils ne se spécialisaient qu'en vue de l'Extérieur et c'est peut-être la raison de leur si grande habileté en matière chevaline. Ils poussaient peut-être un peu loin cette valeur, mais, au moins, s'ils délaissaient l'industrie bovine, ils développaient dans toute leur grandeur la beauté, la force des équidés. Maintenant encore on revient souvent à leurs vieux principes qui pour paraître empiriques n'en restent pas moins d'une utilité première. L'Extérieur a continué son perfectionnement avec les générations et, de nos jours, il est facile de trier, parmi des vingtaines d'ouvrages, les points rationnels les plus en vue, ceux mêmes qui ont pris une importance qu'on ne doit jamais négliger quand on conserve intacte l'idée d'amélioration dans la production.

Si l'on ne remonte qu'à Beaudement, on voit déjà combien la zootechnie s'est développée et renseignée. Le créateur de la zootechnie s'est adonné à l'étude approfondie de cette science, surtout quand il fut nommé par l'Etat professeur à notre grande Ecole. Il fut emporté assez jeune et n'a pu donner à la postérité les enseignements que son observation si attentive avait notés. Il commençait à revoir l'étude géniale et originale qu'il avait conçue de l'Extérieur quand les forces lui ont manqué à jamais. Sur le moment ses disciples l'ont regretté vivement et de nos jours encore il n'est pas rare de retrouver de ses admirateurs convaincus qui essaient, par les manuscrits autant que par la méthode déductive, de rétablir les principes, les lois et les développements que Baudement a laissés inachevés. Depuis ce créateur valeureux, l'Extérieur a continué ses progrès rapides, toujours croissants. Sanson a ajouté quelques enseignements précieux comme Goubaux, Barrier et Montané tout récemment. Grâce aux recherches et aux conclusions de ces savants, l'Extérieur est maintenant bien défini et ses lois sont si réelles qu'elles ont toujours donné à ceux qui les pratiquent les indications suffisantes pour choisir et reconnaître entre mille le cheval parfait qui peut se trouver sur le champ de foire.

Ce n'est pourtant pas dire que l'étude de l'Extérieur n'est pas compliquée et qu'il suffit d'un peu de réflexion pour en pénétrer, non tous les détails, mais les fondements principaux. Ce serait une grande erreur. Après avoir étudié chaque partie du corps organisée avec précision et complexité, l'Extérieur reprend chacune de ses parties par leur union avec une avoisinante avant de rassembler toutes ces parties qui doivent se secourir l'une l'autre dès que l'équidé commence, entame, le moindre déplacement. Cet ensemble acquis et bien déterminé, l'Extérieur continue son étude pour vérifier les aplombs, c'est-à-dire qu'il se rend compte de l'ensemble des lignes, au repos comme au mouvement, des différents leviers. Des qualités et des défauts opposés sont rencontrés tour à tour et leur importance est mise en considération dans n'importe quel cas, sur n'importe quel sujet. On comparera à ce moment le type idéal du beau cheval avec celui soumis à l'examen et, comme nous l'avons déjà indiqué, suivant son plus ou moins grand rapprochement avec l'idéal, on jugera de la valeur des organes, de la durée de leur bon fonctionnement. Quand tout sera bien calculé il ne sera pas difficile de mettre à prix la bête une fois que l'âge et la force auront été également examinés.

Comme sur bien des points de méthode, les différents auteurs qui se sont occupés d'Extérieur ne restent pas souvent d'accord pour accorder aux facteurs d'appréciation la même valeur, la même importance. Par exemple, avant tout autre examen, les Anglais débutent par le pied et ce jugement, du reste bien fondé, se traduit chez eux par cette rigoureuse expression : pas de pied, pas de cheval. Sanson, le célèbre professeur, partageait cet avis. Il a recommandé à l'acheteur de ne se présenter devant l'examiné que la tête baissée vers le pied de la bête et encore, ajoute-t-il, faut-il que les yeux gardent la constance suffisante pour n'aborder aucune autre région, aucun ensemble avant que cette partie de base soit jugée à sa plus juste valeur. Par la suite nous verrons le détail de chacune des parties constitutionnelles et nous mettrons en parallèle leurs exigences, leur beauté, leurs tares, leurs qualités, tout en jugeant l'importance à exiger. Les maniements du marchand, du maquignon, avec leurs plus courantes tromperies, seront passés en revue en même temps que la région sur laquelle pourront être appliquées ces tromperies.

Quant à la question spéciale de l'âge, nous renvoyons le lecteur au chapitre spécial, page 51. Nous mettons cette étude à la portée de tout le monde pour pouvoir reconnaître sans erreur, tout au moins grave, la durée des services à compter pour le cheval dont on remontera sa cavalerie.

Nous renvoyons également le lecteur à la page 24, traitant la question de l'animal en mouvement, question si importante pour l'équidé. Jamais il ne faudra oublier les données que les allures mettront à jour quand, au moindre mouvement, le cheval entamera un déplacement quelconque, sur n'importe quel point. Ce n'est pas le tout d'obtenir la beauté extérieure, il faut que la bonne conformation soit liée à la solidarité des leviers qui, constitués dans un même rapport, faciliteront leur bonne marche sans donner à la bête une fatigue de tout moment et lui assureront la durée de ses services.

La méthode des proportions, dont Bourgelat s'est fait un des premiers admirateurs, possède assurément des qualités précieuses. Nous n'en parlerons cependant que peu parce que cette pratique demande une habileté et une connaissance profondes de l'anatomie. Pour être constitués de la même façon, tous les chevaux conservent de notables différences dans la longueur proportionnelle des membres entre eux. D'un autre côté, il devient nécessaire de savoir avec précision où commencent et où finissent toutes les régions. Ce n'est pas une science qu'un acheteur ordinaire, même assez exercé, puisse posséder avec sûreté et il pourrait lui arriver souvent de se tromper. Il faut ajouter que reporter une dimension, celle de la tête par exemple, sur une autre partie, telle que la hauteur verticale du garrot à la sole, n'est pas chose aisée à l'aide seule de la vue si on ne possède pas une mesure-étalon quelconque. Or, voit-on un amateur se promener sur un champ de foire cette mesure en main ! et l'appliquer sur le cheval choisi devant le marchand qui ne manquerait certes pas de s'en moquer. Ceci est bon théoriquement pour des indications de laboratoire demandant la justesse la plus rigoureuse.

Il peut arriver que le cheval ne possède pas toujours la dimension des lignes, pas plus qu'une pureté suffisante par suite d'empâtements ou d'excroissance de certaines parties. C'est alors, encore une fois de plus, qu'il sera juste de dire que cette méthode d'interprétation, quoique juste, ne peut servir lorsqu'il s'agit d'isoler parmi plusieurs centaines d'individus la bête qui devrait être choisie. Nous reparlerons plus loin des proportions à propos de leur appréciation pratique et facile.

Adaptations. — Il faut distinguer chez le cheval plusieurs adaptations. On distingue le cheval de trait, le cheval de demi-trait ou de trait léger, le cheval de selle, de chasse, de voiture, les trotteurs, les chevaux de manège. Nous dirons quelques mots sur chacun d'eux.

Le *cheval de trait* n'est autre qu'un moteur. Il a de gros muscles, des formes épaisses, arrondies, les angles des jarrets fermés, des membres courts et bien en muscles. C'est, suivant une expression heureuse, la machine des trains de marchandises. Le professeur Baron a appelé ce genre de cheval : le type *curviligne* et *bréviligne* (1). Les marchands disent que le cheval est près de terre, qu'il a de l'étoffe, du gros. Ce cheval est impropre aux services de route, ou à la vitesse. Il ne trotte qu'avec peine et est si maladroit de ses pieds qu'une chute est toujours à craindre.

(1) Voir : Anamorphose, page 20.

Fig. 33 *bis*. — Type de cheval de selle.

Le cheval ordinaire de ferme et le cheval pour gros charroi sur routes sont rangés dans cette classe.

Les chevaux de selle et de course sont rangés dans la catégorie des moteurs en mode de vitesse. Leurs formes sont moins empatées, moins épaisses, partant plus allongées. Si les muscles sont moins gros ils sont plus durs, les membres sont élevés et peu fermés. C'est le type du *longiligne* (1), car il a les lignes allongées. On distingue les chevaux *mixtes* qui ont une tendance à la course assez rapide tout en étant susceptibles de pouvoir traîner une assez lourde charge, c'est alors le vrai modèle du cheval de demi-trait et de trait léger. Il est dit *médioligne* (1). Il possède de bons muscles, est moins long que le cheval de course et plus ramassé aussi.

Le *cheval de chasse* est d'un genre un peu spécial. Par suite de son adaptation, il est appelé à sauter des haies ou des fossés, c'est-à-dire à pratiquer le saut en largeur et en hauteur. Il subit un petit dressage particulier en outre de sa conformation solide, mais assez légère pour ne pas nuire à la rapidité.

Parmi les chevaux spéciaux au service de vitesse sur route, il faut noter les chevaux pour voiture. On remarque les *carrossiers*, dressés en vue d'un service exceptionnel. Grands, sachant bien se poser et res-

(1) Voir page 20.

ter au repos, ces chevaux atteignent des prix d'autant plus élevés qu'ils sont appareillés et peuvent aller ensemble à une allure égale et bien dégagée.

Les *chevaux de course* sont dressés en vue d'aller sur piste à des vitesses considérables. Ils subissent un entraînement suivi et savamment calculé. Ce sont ces chevaux qui obtiennent les plus grands prix, surtout après leurs succès sur les hippodromes.

Les chevaux dits *trotteurs* sont dressés pour n'aller qu'au trot monté ou au trot attelé. Cette classe est recherchée dans de nombreux milieux par suite de son endurance à la fatigue. Une fois sortis de piste, les trotteurs peuvent être employés au service léger des voitures sur route, ce qui fait la grande joie d'une foule d'amateurs de chevaux.

Les chevaux *de manège* sont des chevaux intelligents, convenablement dressés à des exercices plus ou moins compliqués. Ils doivent exécuter des passes variées à des allures spéciales ainsi que nous l'avons dit en parlant des allures ou airs de manège (voir page 42). Ils sont rangés dans la catégorie des chevaux de selle.

Le *cheval d'armes* n'est autre que le cheval de troupe, ou cheval de guerre, dressé à marcher en groupe, à certaines manœuvres, et n'ayant pas peur des bruits subits. C'est le cheval recruté dans l'armée par les différentes remontes.

Sang. — Nous ne pouvons donner de meilleure définition que celle de M. Montané. Le sang, dit-il, synonyme de *puissance* et d'*énergie*, est un facteur essentiel de la valeur du cheval. Il faut en tenir un grand compte dans l'appréciation, car il peut très bien compenser certaines défectuosités de conformation. Son importance est si grande que l'on conserve dans toute leur pureté des races particulièrement énergiques dites de *pur sang* et qu'on inscrit tous les descendants de ces races avec leur pedigree (1), dans le livre spécial dénommé Stud Book (2).

Le degré de pureté est indiqué par les noms conventionnels de pur sang, trois quarts sang, et demi-sang. Nous n'entrerons pas dans les détails de calcul établissant qu'un cheval est de 5/6 de sang par exemple ou de 1/8, 1/6 ou autres intermédiaires. Nous nous rangeons avec la masse des hippiatres qui indiquent comme conventions les données suivantes.

Deux produits de pur sang accouplés donneront un autre pur sang. Un pur sang accouplé avec un cheval de race, bien caractérisé et pouvant s'allier suivant les lois de l'accouplement (cheval n'étant pas de sang), donnera un *demi-sang*. Un accouplement de pur sang avec un demi-sang donnera un *trois quart* sang, et ainsi de suite.

(1) et (2) Voir définitions, p. 19.

Les chevaux de sang sont courageux, rapides et endurants. Ce sont leurs principales qualités. Ils obtiennent des prix considérables et servent surtout pour les pistes, avec d'autant plus de succès qu'ils sont purs de sang.

Le *cheval bâtard* est celui qui n'ayant aucun sang n'appartient aussi à aucune race définie. C'est le cheval tout ordinaire que l'on rencontre dans les villes et les campagnes qui ne font pas l'élevage du cheval. Ces chevaux n'atteignent pas des prix élevés, mais rendent de très bons services quand on sait, et quand on veut les ménager.

Il appartient à l'acheteur de bien se guider sur les caractères des races s'il veut acquérir tel ou tel cheval, de telle ou telle race. Le mieux, à notre avis, c'est d'aller non sur les foires, mais dans les lieux de production, dans les haras ou dans les fermes s'adonnant à l'élevage d'une race pure.

C'est dans ces conditions qu'on aura le moins de chance d'être trompé.

Au sujet du « sang », voici l'opinion de MM. Rossignol et Dechambre émise dans leurs excellents « Eléments d'hygiène et de zootechnie » : « La dernière formule en date semble réduire la notion traditionnelle du *sang*, en hippologie, à celle « de fort rendement mécanique envisagé principalement en mode de vitesse ». Ajoutez à cela les signes extérieurs d'une grande énergie nerveuse et une finesse particulière de tous les téguments, et vous verrez en somme que la nouvelle interprétation se rapproche beaucoup de l'ancienne : le sang c'est l'origine anglaise, andalouse, barbe, arabe ou syrienne des chevaux que l'on examine. Un cheval a plus ou moins de sang, en proportion des ancêtres anglais, andalous, barbes, etc., qu'on lui connaît ou qu'on lui suppose.

De là les notations fractionnelles pour exprimer qu'un cheval est plus ou moins près du sang, etc. »

Fond. — Le fond n'est autre que la résistance à la fatigue. Cette qualité dominante, très précieuse pour les chevaux à service soutenu, s'acquiert par l'*entraînement*. Tous les chevaux doivent posséder du fond et suivant les exigences des services demandés. Le fond est par conséquent synonyme d'*endurance*. On comprend par ce mot pourquoi un cheval de vitesse doit avoir du fond tout aussi bien qu'un cheval de gros trait dont on dira, dans ce cas, qu'il est endurant à la fatigue plutôt de dire qu'il a du fond, quoiqu'ici les expressions soient synonymes.

La condition. — Certains auteurs ont employé le mot *condition* pour définir et réunir tous les termes à peu près identiques se rapportant, au fond, à l'entraînement et à l'endurance. Nous allons donner les deux meilleures définitions de la condition.

Voici celle du comte Le Coulteux : « Je définirai

la condition du cheval : son état rendu tel, par une préparation judicieuse, qu'il puisse supporter de grands efforts et un travail dur et prolongé sans en souffrir. Par la perte de la graisse inutile, le travail gradué des poumons, l'exercice continu des muscles, la nourriture appropriée et une hygiène intelligente, l'animal doit arriver à pouvoir donner toutes ses forces et à déployer toute sa puissance sans que l'équilibre soit rompu et qu'une partie quelconque de lui-même souffre plus qu'une autre. »

Voici la définition donnée par Sidney : « La condition signifie le plus haut degré de santé combinée avec la plus grande puissance musculaire et respiratoire possible.

Les deux extrêmes de la condition sont représentés par un cheval complètement engraissé par six mois de vert dans un riche pâturage et un cheval de courses entraîné jusqu'à ce qu'il soit tout os et tout muscle, mis en course jusqu'à ce qu'il puisse difficilement marcher sur une route, etc. Il y a du reste beaucoup de subdivisions de la mauvaise condition. Par exemple, le hunter d'un homme pauvre avec la moitié de la ration qu'il lui faudrait, monté à la chasse deux fois par semaine, ou les chevaux d'un homme riche et ignorant, bourrés de grains et de fèves, pour le profit du marchand de grains, et qui restent à l'écurie pour épargner de la peine au groom. »

CHOIX PROPREMENT DIT DU CHEVAL

Pour la bonne marche de notre étude, nous détaillerons chaque région, une à une et en commençant par la tête. Nous suivrons cet ordre, sans intercaler d'autres régions qui pourraient peut-être faire un groupement mieux approprié dans un certain sens. Nous adopterons la division du corps du cheval ainsi faite :

Avant-main, corps et arrière-main. L'avant-main est la partie du cavalier se trouvant devant lui ; le corps, la partie comprise sous lui, sous la selle, entre les jambes du cavalier ; l'arrière-main, toute la partie située derrière le cavalier.

Le côté gauche ou côté *montoir* est le *côté de l'homme*. C'est de ce côté que le cavalier met le pied à l'étrier et que le charretier se met pour conduire ses chevaux. C'est aussi le côté de *la main*. Le côté droit est dit *hors montoir*, *hors main* ou côté *hors de l'homme*.

DÉNOMINATION DES PRINCIPALES RÉGIONS DES ÉQUIDÉS

1. Oreille.
2. Toupet.
3. Pavillon de l'oreille.
4. Front.
5. Chanfrein.
6. Naseaux.
7. Lèvre supérieure.
8. Lèvre inférieure.
9. } Joues.
10. }
11. Pommette.
12. Salières.
13. Tempes.
14. Encolure.

15. Gorge.
16. Garrot.
17. Dos.
18. Reins.
19. Côtes.
20. Poitrail.
21. Passage des sangles.
22. Ventre.
23. Flanc.
24. Organes génitaux externes.
25. } Epaule.
26. }
27. Bras.
28. Coude.
29. Avant-bras.
30. Genou.
31. Canon.
32. Boulet.
33. Paturon.
34. Couronne.
35. Sabot.
36. Crinière.
37. Hanche.
38. Croupe.
39. Fesse.
40. Cuisse.
41. Rotule ou grasset.
42. Jambe.
43. Jarret.
44. Châtaigne.
45. Pointe du jarret.
46. Queue.
47. Anus.
48. Attache de la queue.
49. Nuque.

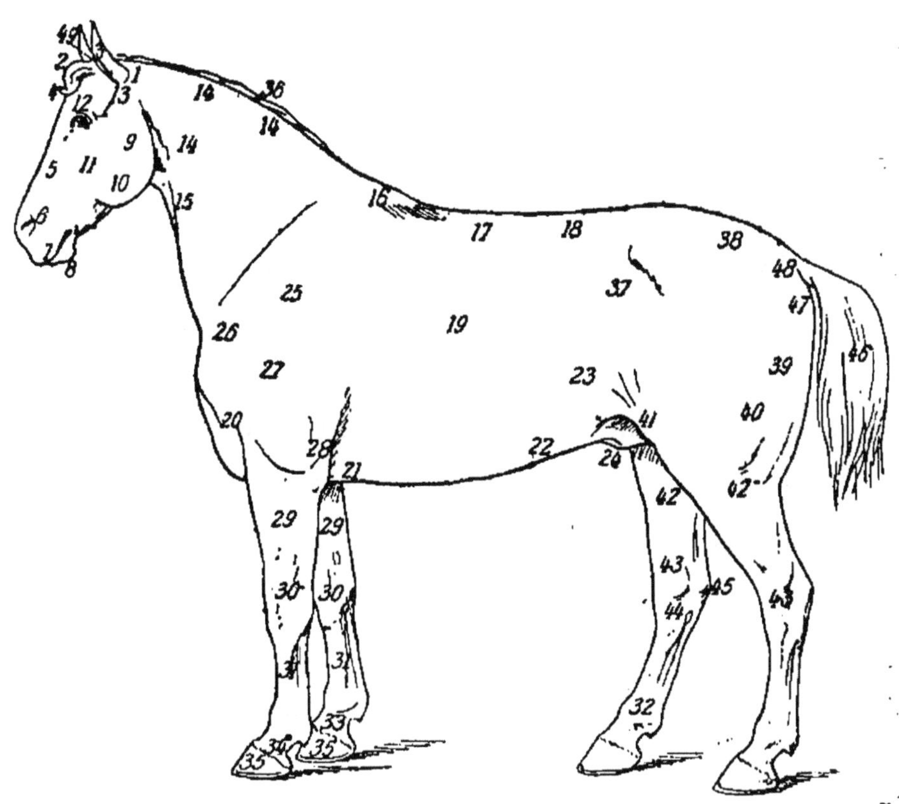

Fig. 34. — Schéma descriptif des Equidés.

I. — Avant-main.

1° Tête. — Le *front* doit être long, large et droit, ce qui indiquera un cerveau développé et laissera supposer une intelligence développée. Un front court et étroit est défectueux. Si le profil, pris sur le côté de la bête, est linéaire le front est dit droit. Suivant la direction générale de ce profil, la tête peut se trouver convexe ou concave (1). Si le front porte des plaies ou des traces de cicatrices, c'est que l'animal a l'habitude de *chasser au mur*. Les cicatrices, dessinées en V plus ou moins allongé, indiqueront, presque toujours, l'opération du trépan dont il faut se défier à juste titre.

Le *chanfrein* sera court afin de bien s'allier à un front long; large, pour donner de l'ampleur aux fosses nasales ; droit, pour assurer la rectitude suffisante du profil. Le chanfrein dévié, qu'il soit convexe ou concave, donne un coup d'œil à la tête peu apprécié des amateurs, particulièrement à Paris.

Le *bout du nez* sera large avant tout, afin de ne pas entraîner les mauvaises conséquences du côte des régions voisines. Les blessures sur le nez indiquent des chutes que l'on peut vérifier par l'état du genou. Quelquefois sur les chevaux difficiles à ferrer

(1) Voir page 182.

ou sur les poulains peu disposés à se faire atteler on trouvera des traces plus blanches que la couleur générale du bout du nez et qui auront l'air de cercler le nez ; ces traces résultent de l'application répétée du tord-nez. Les *ganaches* seront écartées et sèches. La sécheresse et la peau fine indiquent le sang et la noblesse d'origine. Chez les bêtes communes, les ganaches restent épaisses, couvertes d'une peau plus ou moins grossière. On dit ces bêtes *chargées de ganaches*. Plus les chevaux vieillissent, plus les ganaches deviennent anguleuses et tranchantes. Elles peuvent, inversement, être *légères* ou *empâtées*.

Ne pas oublier d'explorer l'*auge* pour constater et apprécier les engorgements qui peuvent s'y présenter. Le cheval *glandé* est celui dont l'auge est tuméfiée ou engorgée. L'auge sera large de préférence, c'est là sa première et réelle beauté. On recherchera aussi la profondeur, l'évidement. L'auge empâtée resserre la respiration et doit être rejetée ; elle se rencontre souvent chez les individualités communes. Fréquemment les maquignons, pour donner plus de profondeur à l'auge, brûlent les poils abondants qui se trouvent sur cette partie afin de rehausser aussi la qualité de la bête.

La *barbe* est limitée par le menton et les ganaches. C'est le soutien de la gourmette du mors ; elle sera exempte de toute contusion et sera bien nette.

L'*oreille* sera fine, dirigée en avant, mobile et écartée du plan médian, bien plantée de chaque côté du front. L'oreille longue donne un air de vieillesse,

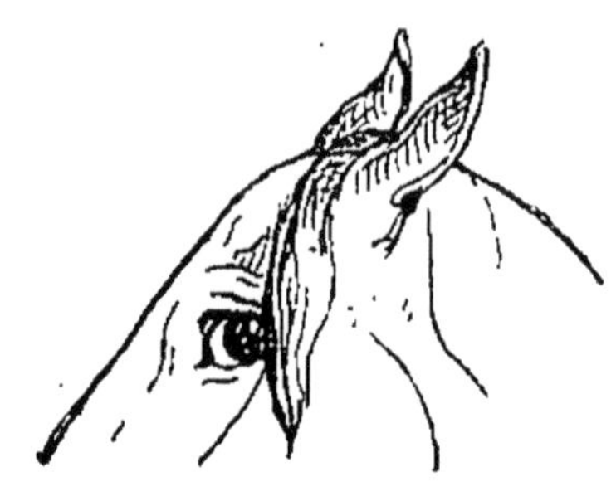

Fig. 35. — Oreille couchée. (Animal en défense).

Fig. 36. — Oreille confiante.

Fig. 37. — Oreille de lièvre.

Fig. 38. — Oreille craintive.

c'est un signe de bâtardise et aussi de crainte et de timidité, elle est alors peu mobile et poilue.

L'oreille peut être tombante et dite *de cochon*. L'animal est *mal coiffé* ou *oreillard*. Si le cheval remue les oreilles au moindre bruit, on le dit *écouteux*.

L'oreille fendue indique un cheval réformé. Il n'est pas rare de rencontrer des oreilles cassées, *coupées*, infirmités provenant de mauvais traitements des palefreniers. S'il y a des cicatrices au bas des oreilles, on soupçonnera l'application de l'appareil dit tord-nez que l'on met parfois sur cette partie quand la bête est indomptable par le fixage sur le nez. Dans ce cas, bien faire attention, car souvent on se trouve en présence d'un cheval méchant, tout au moins difficile à certains services. Attention aussi au fil de soie ou de laiton mince que les maquignons dissimulent sous le toupet dans le but de donner de la hardiesse aux oreilles.

Si les oreilles sont horizontales et animées d'un mouvement involontaire pendant la marche, le cheval est *clabaud*. Les oreilles hardies sont aussi appelées oreilles de *renard*. S'il lui manque une oreille, le cheval a une tête de *moineau*.

On remarquera que la peau de l'oreille est couverte de poils d'autant plus longs que l'origine de la bête est commune. Pour donner plus de finesse à certaines bêtes, les marchands n'hésitent pas, en faisant la toilette, de brûler l'ensemble de ces poils.

La *tempe* sera nette, c'est-à-dire exempte de vice quelconque. La plus légère atteinte peut occasionner des désordres graves.

Les *salières* donnent une légère approximation pour l'âge. Plus elles sont creuses, plus la bête est avancée. Il est évident que cette approximation ne doit pas être consultée outre mesure et il serait dérisoire de s'y fier, d'autant plus que les marchands atténuent les creux en les gonflant artificiellement avec de l'air insufflé de l'extérieur.

La grandeur des *sourcils* varie avec la race, quelquefois même avec les individus, ils blanchissent à à mesure que l'âge avance.

Les *joues* seront bien dessinées et on distinguera leurs principales parties : le plat de la joue, à la partie supérieure; la poche, à la région inférieure.

Les joues gonflées après le repas annoncent l'usure irrégulière des dents molaires : l'animal fait *grenier*, *magasin*, il dépérit. Pour assurer l'intégrité de la mastication on recherchera la netteté de la muqueuse de la joue. Les blessures plus ou moins apparentes de cette muqueuse proviennent surtout de l'irrégularité du chronomètre dentaire.

La *nuque* sera haute et nette. Si l'animal *tire au renard*, c'est-à-dire s'arc-boute du devant en faisant les plus violents efforts pour se dégager, il est exposé à des blessures et à de fortes irritations de la nuque, difficiles à guérir. Ces irritations sont connues sous le nom de *mal de nuque*, *mal de taupe* ou *testudo* et sont dangereuses par les suites funestes qu'elles sont susceptibles d'apporter à l'état général de la bête. On s'assurera de leur présence en passant la main sur la nuque, quand on aborde l'étude de cette partie, mais aller doucement, car les animaux blessés à cette région ne veulent pas s'y laisser toucher.

Le *toupet* est la touffe de crins plus ou moins fins qui passe entre les oreilles et qui tombe en avant. Chez les bêtes de sang les crins peu fournis sont soyeux. Au contraire, les chevaux communs ont un toupet abondant et terne.

C'est en saisissant le toupet qu'il est le plus commode de prendre un cheval que l'on veut ramener à sa stalle, s'il est délicoté. Tenir le toupet dans un état de propreté constante.

Pour qu'un *œil* soit beau, dit le professeur Montané, il faut qu'il soit grand et bien ouvert. Il faut que les paupières soient garnies de long cils et de poils courts; ces paupières doivent être minces, souples et bien fendues en amande. L'arc formé par elles, d'un angle à l'autre, sera régulier, sans déviations anguleuses. La cornée lucide aura la limpidité de l'eau la mieux distillée et sera exempte de nuages et de taches dont la présence indiquera toujours une affection actuelle ou passée, locale ou générale, ou grave.

Aux paupières, constituées par une peau mince qui se plisse avec facilité pour recouvrir par instant la vitre de l'œil ou cornée transparente, se trouve relié un corps bien mobile, dissimulé dans l'angle interne de l'œil. Cette partie, nommée *corps clignotant*, remplit le rôle d'une paupière supplémentaire. Elle roule sur la cornée pour la nettoyer de tout corps qui pourrait tomber sur elle.

L'arc des paupières doit être sans déviations. Les paupières peuvent s'enflammer ou être le siège de plaies qui peuvent s'aggraver facilement. Le regard sera doux et indiquera la franchise du caractère.

De préférence l'œil sera placé bas. On s'assurera de l'intégrité de la vision en se plaçant en avant et face au cheval. Frapper légèrement les naseaux en élevant aussitôt la main à hauteur des yeux ; si les paupières s'agitent, c'est que l'œil a aperçu le mouvement de la main. Si un des deux yeux ou les deux ne répondent pas à cette pratique, suspecter l'animal qui doit être *borgne* ou *aveugle*. Mais éviter de produire un mouvement d'air que l'animal percevrait et qui induirait en erreur.

L'œil cerclé montre un cercle autour de la cornée ; les yeux *vairons* ont l'iris qui reflète gris perle (chevaux isabelle, pie) ; l'*œil blanc* est dépourvu de pigment. Si l'œil est trop saillant et donne une mauvaise expression, l'œil est *gros*, l'œil est dit de *bœuf*. L'œil *creux* ou *concave* donne une expression dure. Les *yeux inégaux* sont peu harmonieux et ont pour cause une maladie plus ou moins éloignée de l'organe diminué ou agrandi. La plus commune et la plus grave c'est la *fluxion périodique*, maladie héréditaire. Suspecter l'animal à *œil petit* (méchant, ombrageux...). L'œil *gras* ou de cochon se rencontre parfois.

La cornée cicatrisée indique le *leucoma*. Le cristallin taché de blanc marque la *cataracte*. Au sortir de l'écurie voir si la dilatation de la pupille est régulière. Si la pupille est trop dilatée, craindre l'*amaurose*. La pupille est alors insensible à la lumière. Voir aussi si elle ne reste pas immobile.

L'œil dont le fond prend une couleur de feuille morte est dit *glaucome*. Le *trichiasis*, ou renversement des cils sur le globe oculaire, devra être évité quoi qu'en réalité le défaut ne soit pas trop grave. La *myopie* et la *presbytie* rendent le cheval méfiant et ombrageux.

Pour bien remplir leur but, les *naseaux* seront grands, bien dilatés et saillants. Ce sont les indices extérieurs de l'ampleur de la poitrine et des poumons dont dépend la valeur des fonctions respiratoires. Les naseaux bien ouverts ont aussi une autre signification importante qui résulte, chez le cheval, dans l'impossibilité de respirer autrement que par les naseaux, de la disposition particulière du voile du palais et de l'épiglotte. L'air inspiré ne peut arriver dans les poumons que par les naseaux; plus ils seront grands et dilatables plus la respiration sera forte et aisée.

L'air inspiré et repoussé sera inodore et sans brui L'air fétide, circulant avec bruit, comme chez le *corneurs*, n'est pas un bon indice pour l'intégrit des organes respiratoires, des lésions sont à craindre Si on a quelque doute sur le cornage, soumettre l cheval à un exercice pénible en l'attelant à une voi ture lourdement chargée.

Les naseaux, ouvertures externes des narines, peu vent être le siège d'ulcérations de la muqueuse intern laissant suspecter l'attaque de la *morve*.

Si les tissus constituant les ailes du nez manquen de fermeté, les naseaux sont mous, flasques. C'est u caractère des animaux lymphatiques, sans énergie Des naseaux fermes, naturellement tendus, offran même de la résistance à la pression de la main, se rencontrent chez les bêtes de race noble excités pa des aliments échauffants. Ces naseaux sont souven minces parce que la peau des animaux est alors fin et que le tissu cellulaire reste peu abondant. Che les chevaux communs à constitution athlétique e énergique, les naseaux sont fermes, résistants tou en étant épais.

Gorge large à larynx spacieux. La *trachée* ser libre et mobile sous les doigts. La saillie que l larynx offre à la main sera exempte d'empâtement On suppose que les organes respiratoires sont er bon état si, en comprimant avec les deux premiers doigts le premier cerceau unissant la trachée au larynx, une toux grasse et répétée se produit; dans le cas contraire, la toux est sèche et opiniâtre, conséquence que les organes de la respiration sont le siège d'une irritation vive, récente ou ancienne.

Chez les chevaux bien portants la gorge est peu sensible et la toux s'obtient difficilement.

Que les *lèvres* ne soient ni trop, ni trop peu tendues; ni épaisses, ni trop minces. On aura alors l'assurance que le soutien du mors est normalement disposé, car le mors ne portera pas, ni contre la première molaire, ni contre les commissures sous la pression de la bride. La lèvre inférieure porte la *houppe du menton*. Dans les chevaux âgés elle est quelquefois *pendante*. La lèvre inférieure bat contre la supérieure, le cheval *casse la noisette*. Les chevaux qui laissent séjourner du fourrage entre les lèvres *fument leur pipe*. La lèvre pendante nuit à la santé par la perte continuelle de salive qui en est la conséquence; les *lèvres déchirées* sont le siège de plaies lentes à guérir quand elles se trouvent à la commissure.

Bien vérifier l'intégrité des *dents* en vue d'une parfaite mastication des aliments.

Les *barres* ne seront ni tranchantes, ni trop arrondies et surtout ne présenteront aucune blessure; quelles soient en outre nettes et moyennement élevées Quand elles sont trop élevées elles supportent trop le poids du mors; basses elles échappent en partie ou en totalité à l'action de contention. Attention aux blessures de la muqueuse et aux callosités qui peuvent mettre la sensibilité en éveil. On se souviendra que les barres ont pour départ le bord du maxillaire compris entre le crochet et la première molaire chez le cheval et la dernière incisive et cette même molaire chez la jument. Suivant la sensibilité des barres on modifiera la disposition du serrage de la gourmette du mors. Avec un mors approprié et bien placé, le bon conducteur ne peut craindre les ennuis résultant des *maux de barres*. Pour que le mors soit bien en bouche il faut que les tiges de la bride laissent le mors reposer de façon à être à deux doigts des coins de la jument et à un doigt des crochets chez le cheval et en arrière bien entendu.

Le Baron Henry d'Anchald écrit :

« Le mors n'a aucune influence mécanique puisqu'on est obligé, quand un cheval est emballé, de le menacer de lui obstruer les yeux, de lui couper la respiration pour l'arrêter. Le mors agit simplement sur l'intelligence de l'animal, plus raisonnable souvent que celui qui s'intitule son maître en provoquant par des signes convenus appris au dressage la détermination de sa volonté.

« Le coup de rênes est plus cruel que le coup de fouet surtout parce qu'il est appliqué sur une des parties les plus sensibles de cet être muet que la seule pesanteur des guides peut empêcher, quand il est *assoupli*, de sortir de sa position *ramenée*. Mais les rênes ne sont pas toujours fixées au banquet du mors, car souvent on le met à la 3e passe des deux branches, qui triplent l'effort ou le quadruplent suivant leur longueur.

« Dans ces conditions si nous tendons brusquement les rênes à 15 kilogr., ce qui est loin d'être excessif pour un cocher impatienté, nous exerçons par cette saccade 2 chocs violents, en sens contraire, de 42 kilogr. sur les 2 barres et 33 kilogr. sous le maxillaire inférieur. »

La *langue* sera entière, nette et restera enfermée dans la bouche. La langue *molle* qui s'échappe de son canal et reste toujours hors de la bouche est dite *pendante ;* celle qui en sort continuellement après y être rentrée a reçu le nom de *serpentine*. Ces défauts entraînent aussi une déperdition de salive. Quelquefois les chevaux *doublent* leur langue sous le canon du mors pour éviter l'action du conducteur. La langue sert d'appui au mors, elle peut être *grosse* ou *mince*.

Emboucher un cheval c'est lui appliquer le mors ; c'est, si on le veut, le brider.

La *bouche* peut être *assurée, loyale, à pleines mains ;* lorsque l'action donnée par le conducteur dépasse le résultat espéré, la bouche est *sensible, fine, légère*. Dans le cas opposé, elle devient *forte, dure, épaisse*. Si la bouche est trop sensible, elle est appelée *égarée*, le cheval *bat sans cesse à la main*. Si le cheval goutte le mors, le mâche et produit, à la commissure des lèvres, de l'écume, la bouche est *fraîche, écumeuse, en action*. C'est au conducteur à savoir employer le mode le plus facile et le plus doux de contention. Il y arrivera facilement par l'emploi raisonné de mors appropriés à la bouche du cheval. Seules, les bouches égarées ou par trop dures sont désagréables à conduire; les moyens sont limités, surtout pour les premières.

Si la bouche est devenue par trop sensible à l'appui du mors, elle est dite *perdue;* c'est la conséquence des barres trop tranchantes et surtout le résultat des agissements de mauvais guides brutaux et inexpérimentés. Il faut rappeler ici qu'en maniant bien le mors la bouche ne deviendra jamais *étonnée, troublée* et restera *fraîche et belle*. Toujours elle devient *égarée, incertaine et dure* par les secousses mauvaises du mors qui prédisposent le cheval à devenir *bourreur, emballeur, indocile, rétif* par suite de ses *barres gâtées*.

Le *palais* forme la voûte interne de la bouche. Vers l'époque de la pousse des dents, cette partie très sensible peut se gonfler en donnant une sensation douloureuse à la bête connue sous le nom de *lampas*.

Les *parotides* se trouvent un peu en arrière des ganaches ; elles vont de la gorge au bas des oreilles et creusent un sillon plus ou moins apparent formant la démarcation entre la tête et l'encolure.

La *tête longue* n'est pas jolie, elle *pèse à la main*. Une grosse tête surcharge l'avant-main; elle se rencontre surtout chez les bêtes molles, sans énergie. Les saillies osseuses ne sont qu'à peine visibles. Chez les poulains il ne faudra pas confondre, c'est-à-dire classer un animal dans cette catégorie, car dans le jeune âge, avant que la bête soit formée complètement, la tête a tendance à rester grosse et sans saillie nette.

Si les régions de la tête sont chargées, elle est *grasse* et dénote également de la mollesse. Dans la *tête de brochet*, le côté extérieur de la joue, le plat de joue, est peu développé ; l'œil ne possède pas d'expression juste et généralement le chanfrein est plus ou moins busqué. La *tête petite* donne de la légèreté à l'avant-main, elle *bat sans cesse à la main*, ce qui n'est pas sans énerver le cavalier.

La plus jolie forme entre toutes est la *tête carrée ;* la face antérieure est large et plane, les angles séparatifs des faces latérales sont assez prononcés. Cette tête est propre aux chevaux arabes et bretons ; c'est une marque de bonté, de courage et de distinction.

La *camuse* rend le profil concave en marquant une dépression sur le chanfrein ; la race ardennaise en est le type le mieux approprié. Si la concavité s'arrête au chanfrein, la tête est dite de *rhinocéros*. Ces deux formes, quoique ne nuisant en rien à la respiration, sont défectueuses chez les bêtes autres que les ardennaises. La *tête busquée* résulte de la convexité très prononcée du chanfrein. Elle donne un aspect détestable surtout si elle est grosse et longue. Actuellement encore, on la rencontre assez souvent chez les chevaux anglais, danois et normands. La tête *moutonnée* a le chanfrein convexe seul, le front restant droit. La tête *de lièvre* n'est convexe qu'au niveau du front, le front est étroit, les oreilles rapprochées et allongées. C'est un caractère commun parmi les chevaux allemands.

On a remarqué avec raison que les chevaux à tête busquée, moutonnée ou de lièvre, avaient tendance à devenir *corneurs*, c'est-à-dire de produire, pendant la respiration, un bruit de sifflement plus ou moins accentué suivant le degré de gêne. Surtout pour le service de carrosserie, tenir compte de ce défaut au moment de l'achat. La tête de *vieille* est longue, osseuse, étroite, *décharnée*, le profil peut être droit ou légèrement convexe. La tête *conique ou pointue* va en s'amincissant graduellement de la partie supérieure au bout du nez ; le cheval « boit dans un verre » suivant l'expression des marchands. Autrefois on recherchait cette forme, qui de nos jours a perdu toute beauté par suite de la préférence qu'ont les amateurs pour la tête carrée.

Comme toutes les parties du corps animal, la tête peut offrir plusieurs directions : les unes sont bonnes quand d'autres sont défectueuses. La meilleure direction est celle d'un plan incliné à 45° avec l'horizontale. Si l'angle est plus grand, la tête est verticale, le cheval prend « le mors aux dents » et si cette exagération augmente, le *cheval s'encapuchonne ;* le toupet se trouve porté en avant et l'animal, en rapprochant les naseaux du poitrail, fait dévier la position et l'appui du mors qui devient sans grande action pour la contention. Si l'angle formé avec l'horizontale est inférieur sensiblement à 45°, le bas de la tête s'éloigne du poitrail, le nez est en l'air, le cheval *porte au vent* et se dérobe aussi à l'action du mors. Le cheval ne se rend plus bien compte des objets qui l'entourent, il se heurte contre les obstacles, peut se jeter dans les fossés et s'emporte facilement. Dans cette circonstance il est sage de faire l'application d'une martingale en l'attachant à la muserolle et au collier ou mieux encore à la sangle de la dossière. Les directions autres que celles du plan incliné à 45° sont défectueuses.

La tête *bien portée* se montre légère, tenue assez haute en conservant la direction de 45°. La tête se trouve *bien attachée* si elle est bien reliée à l'encolure; la parotide forme entre les deux parties unies une légère concavité harmonieuse, et la gorge se laisse profiler par une ligne qui s'évide un peu. Cette forme est gracieuse et donne de la liberté aux mouvements de la tête. La tête *plaquée* se confond avec l'encolure, défaut assez grave pour la selle; dans le cas contraire, c'est-à-dire si la tête laisse entre elle et l'encolure une forte dépression, elle devient *mal attachée ou décousue.*

Parfois on rencontre des chevaux dont la tête est animée au repos d'un mouvement vertical de bas en haut; le cheval *encense et fatigue à la main.* Certains amateurs n'hésitent pas à faire dresser leurs chevaux à cette pratique, pourtant défectueuse, sous prétexte qu'elle donne plus de coup d'œil, plus d'aspect, plus de turbulence, à leur monture.

2° **Encolure.** — C'est la région comprise entre la nuque et le garrot et entre la gorge et le poitrail. Le bord inférieur sera large et arrondi; il présente en arrière de la gorge, sur l'un et l'autre de ses côtés et sur toute sa longueur, la *gouttière des jugulaires*, du nom des veines qui occupent le fond des gouttières. Ordinairement, le vétérinaire pratique la saignée sur le tiers supérieur de cette région.

L'encolure peut être défectueuse par manque de proportions. Une *encolure longue* est certainement une beauté pour tous les genres de services que le cheval peut rendre, parce qu'il possède un moyen précieux de bon moteur, à condition toutefois que l'encolure soit douée de puissants muscles. Trop longue, elle manque de force et constitue un défaut pour le cheval de selle si la tête est pesante. La longueur de l'encolure est estimée en barymétrie, dans la savante table de Bourgelat, à une longueur de tête. C'est une beauté relative à tenir compte chez les chevaux à service rapide comme chez les bêtes de trait. Les Arabes accordent une grande importance à la longue encolure et disent que le coursier doit, sans fléchir un membre antérieur, boire dans un ruisseau coulant à fleur de terre. Le cheval dont l'encolure est longue *possède de la branche, il a quelque chose devant lui.*

L'encolure courte se remarque chez le cheval de gros trait, elle est accompagnée par un développement des muscles d'autant plus considérable que la longueur se trouve réduite. Cette encolure est pour ainsi dire rebelle à la vitesse. Trop courte, elle est peu flexible et ne protège pas le cavalier, c'est une raison par laquelle les commissions de remonte rejettent nombre d'unités présentées à l'achat. Pour les chevaux épauleurs, la longueur en somme importe peu, puisqu'il suffit que l'encolure soit, comme le reste des autres régions, robuste et musclée.

Avec l'horizontale, la *direction* de l'encolure doit être voisine d'un angle de 45°. L'encolure est alors *belle*, elle couvre bien le cavalier, et le cheval a *de la pointe, du bout, un beau bout de devant*. Si l'angle est plus ouvert, l'encolure est *verticale ;* elle est défectueuse quoique donnant beaucoup de brillant aux allures. Si l'angle est plus fermé, l'encolure devient *horizontale ;* elle est aussi défectueuse, l'animal se tient mal sur ses jambes ; elle l'expose à butter parce qu'elle surcharge les membres antérieurs : le cheval *a un cou de cochon*.

La *partie supérieure* de l'encolure sera exempte de lésions et d'atteintes quelconques. Dans le choix de l'équidé on apportera une grande attention au *mal de rouvieux*, dont sont sujets particulièrement les bêtes de trait par suite de leur épaisse crinière, souvent imparfaitement tenue propre. Le cheval atteint ne communique pas toujours cette maladie à son entourage, mais il peut se greffer d'autres maladies, certaines espèces de gales contagieuses dont les ravages ne tardent pas à se faire sentir dans une écurie, notamment chez les chevaux entiers. On regardera aussi si, à son point de réunion à l'épaule, l'encolure ne porte trace de plaies ou indurations déterminées par le frottement répété d'un collier mal adapté. Ces plaies sont parfois très longues à guérir quand elles ne sont *pas inguérissables*.

Les *attaches inférieures* de l'encolure sont belles si le bord antérieur des épaules forme un relief légèrement accentué de chaque côté de la base de l'encolure. Mais il peut arriver que ce relief soit trop accusé, comme dans les encolures maigres et décharnées. Les marchands disent que l'*encolure est fichée dans le thorax.*

L'encolure peut être *droite* ou *pyramidale*. On la rencontre chez les coursiers, elle n'est contournée ni en dessus, ni en dessous dans toute sa longueur. L'encolure *rouée* a le bord supérieur convexe du garrot à la nuque. C'est une forme plaisante comme chez les bêtes du Midi et de l'Algérie, elle fait relever la tête et donne une meilleure action au mors, mais si elle est trop rouée, elle contraint le cheval à *s'encapuchonner*.

L'encolure *renversée* ou *de cerf* a le bord supérieur concave; elle dispose l'animal à *porter au vent*. Elle présente une forte dépression angulaire en avant du garrot connue sous le nom de *coup de hache*. Cette forme d'encolure est assez gracieuse et dispose à la vitesse. Chez les chevaux de selle on sera obligé, afin d'éviter les coups de tête, de faire usage de la martingale et, en passant, nous remarquerons que l'encolure renversée, aussi appelée *cou de chèvre*, donne des difficultés pour la conduite de la bête.

L'encolure de cygne est un peu longue. Elle est rouée et renversée à la fois en partant de la partie supérieure généralement grêle.

Quand le bord supérieur de l'encolure est chargé de graisse, ce qui arrive notamment chez les bêtes

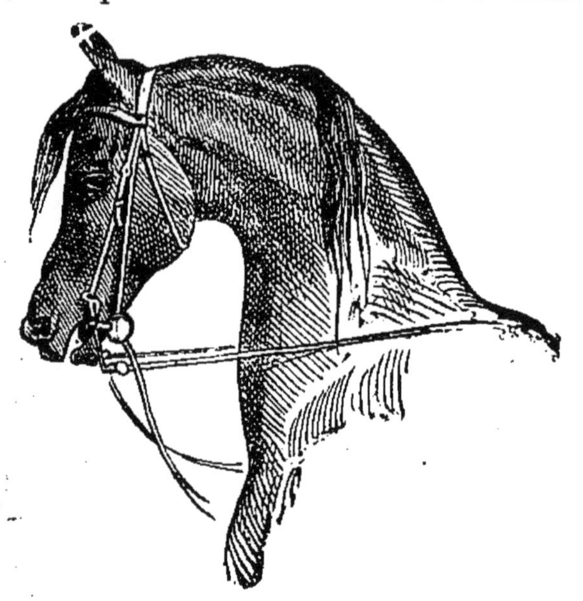

Fig. 39. — Encolure de cygne.

communes pourvues d'une abondante crinière, l'encolure se renverse sur le côté et devient *tombante* ou *penchée*. Si elle n'est que grosse et lourde, on la dit *chargée*, mais si la musculature est réelle, c'est-à-dire si la grosseur provient de la musculature, l'encolure est *bien musclée*. Dans ces derniers genres, l'avant-main est plus chargée, condition favorable pour la traction.

L'encolure est *grêle ou mince* si elle manque de musculature. Elle manque donc de force pour bien porter la tête qui pèse à la main et elle est d'autant plus disgracieuse qu'elle se trouve liée à une tête de petite dimension.

Suivant la manière dont elle se dégage du garrot, l'encolure est *bien* ou *mal sortie*.

Le *coup de lance* n'est autre qu'un creux assez profond, remarqué chez certaines bêtes à la jonction de l'encolure à l'épaule, à droite comme à gauche, tantôt plus haut, tantôt plus bas.

3° **Crinière.** — Les chevaux de sang, de noble origine possèdent la crinière fine, peu abondante, courte et bien soyeuse. Au contraire, chez les chevaux communs, la crinière se trouve grossière, plus ou moins terne et touffue. Elle est *simple ou double*, suivant que les poils tombent d'un seul ou des deux côtés de l'encolure. Suivant les contrées on distingue différentes formes de coupe : à la hussarde, en brosse, en vergette. Pour certains services de genre, la crinière peut être rasée complètement. On peut remarquer, lorsqu'elle est simple, que la crinière tombe surtout du côté de la main, c'est-à-dire à gauche.

Chez le cheval de selle on la fait tomber à gauche afin de servir au montoir. La mode veut, sur les chevaux d'attelage, qu'elle retombe à droite pour le *sous verge* et à gauche pour le *porteur*.

4° **Garrot.** — Il fait immédiatement suite au bord supérieur de l'encolure et constitue la partie la plus haute de la crête osseuse qui surmonte la colonne vertébrale. A sa base, le garrot sera épais, il sera aussi plus haut que la partie la plus élevée de la croupe. Outre la hauteur, on recherchera la longueur et la sécheresse. Il ne retiendra aucune trace de blessures, aucune altération. Cette partie peut être le siège du *mal de garrot*, toujours à redouter. Il s'annonce d'abord par un léger gonflement des tissus suivi d'élévation de chaleur et de douleur au toucher.

Le gonflement, en continuant de s'accentuer, prend l'aspect d'une tumeur qui ne tarde pas à se tourner complètement en un abcès. Nous savons, par le professeur Montané, que cette affection, simple et peu grave en apparence, peut se compliquer de graves accidents tels que fistules, altération du ligament cervical, carie des vertèbres. Cette maladie provient le plus souvent du frottement continuel de la selle ou de la sellette pesant sur le garrot. Les coups déterminent la même maladie avec la même violence.

On ne devra jamais acquérir un cheval atteint du mal de garrot qui, toutefois, ne doit pas être confondu avec certaines parties dures et insensibles résultant d'une mortification circonscrite de la peau, tels que les cors, par exemple, ou bien encore résultant du frottement du collier. Mais, comme le départ du mal de garrot peut se faire craindre, il vaut mieux s'abstenir de l'achat à moins qu'un homme de l'art, bien compétent et après un examen attentif, ne donne à ces excoriations que peu d'importance et garantisse une guérison certaine et rapide.

L'élévation du garrot favorise le port de l'encolure et l'étendue des mouvements des épaules. Quand il est sec et haut, il est dit *garrot bien sorti* en accompagnant l'encolure d'élégance. S'il est bien conformé, il se prolongera en arrière aussi loin que possible et insensiblement, qualité de premier ordre pour le service de selle, et moins indispensable pour le service tractionneur. Le garrot peut être *tranchant*, disposition mauvaise autant que le garrot *court* ou *coupé* brusquement si sujet à se trouver blessé. Le garrot *bas* est *gras* ou *empâté*. On le rencontre surtout chez les juments qui, par constitution, sont longues et basses sur leur devant. Le garrot bas est également très défectueux pour les services constants, surtout pour la selle.

On a maintes fois remarqué, et cela forme de nos jours une règle nettement définie en hippologie, que chez un cheval adulte bien conformé la distance rencontrée entre le point le plus élevé du garrot et l'articulation du coude est égale à la distance similaire qui sépare cette dernière articulation de celle du boulet. Ces longueurs ne sont pas égales chez les bêtes non encore formées, c'est-à-dire chez les poulains, mais cette observation fournit aux éleveurs une précieuse indication pour se rendre compte de la hauteur à peu près exacte qu'atteindra le poulain à l'âge adulte. Pour cela, ils prennent la hauteur verticale des membres, du boulet à la pointe du coude, qu'ils reportent du coude vers le garrot. La longueur manquant sera celle que le poulain prendra à mesure que son âge avancera et il s'élèvera sensiblement jusqu'au point extrême de la ligne reportée du coude au garrot. Cette indication, quoique vague pour les chevaux communs, est exacte pour les chevaux de sang et même de demi-sang.

5° **Poitrail.** — Il est marqué par les 2 saillies des pectoraux attachés au sternum. Il est donc situé au-dessous de l'encolure et en avant de la poitrine. Il sera bien net et n'offrira aucune marque de blessures, de tumeurs ou analogues. C'est ordinairement à cette région que sont posés les sétons. Pour le cheval de selle le haut poitrail est recherché. La largeur est une bonne qualité et fait dire que le *cheval est bien ouvert du devant ;* dans le cas contraire, le cheval devient *serré du devant.* Un poitrail large nuit à la rapidité des mouvements et ne doit se rencontrer que chez la bête de trait. L'étroitesse du poitrail est bonne pour la rapidité des allures et ne donne pas de défaut à la bête si la poitrine ne manque ni de hauteur, ni de profondeur. Toutefois, un cheval ainsi conformé est faible musculairement, et son emploi n'est pas très favorable en général. Quand le poitrail présente un enfoncement, on le dit *enfoncé*, défaut absolu à bien observer au moment de l'achat. Le cheval, comme s'il était serré, est court d'haleine et impropre à un sérieux travail. Les épaississements ou cors, dus à l'appui du collier, dénotent un bon cheval *franc de collier*.

6° **Poitrine.** — Le cheval est *haut sur jambes* quand la poitrine est peu développée; l'articulation du coude se trouve placée beaucoup au-dessous du plancher inférieur du thorax. Dans le cas contraire, le cheval est *bas sur jambes*.

La *profondeur* de la poitrine se mesure du poitrail aux dernières côtes près du flanc. Une poitrine *courte* est défectueuse. La *hauteur* aussi est à considérer; on la mesure verticalement du sommet du garrot au passage des sangles; elle devra sensiblement égaler une longueur de tête.

La poitrine haute est *profonde, bien descendue*. Dans le cas opposé, le cheval est *enlevé, loin de terre, il lui passe trop d'air sous le ventre*, les cerceaux ne sont pas descendus, les fausses côtes sont courtes, il n'a pas de passage de sangles. La largeur est liée à la convexité des côtes. La côte plate donne une poitrine *étroite, serrée* quand la côte ronde donne une *poitrine large*.

Si un cheval est défectueux par manque d'un des 3 facteurs, hauteur, largeur, profondeur, il n'est pas *irréprochable*, car il s'essouffle vite, n'a pas de poitrine, n'a pas de coffre, de dedans, il manque de souffle, de fond, etc.

7° **Ars.** — Fait suite au poitrail, c'est en somme *l'aisselle*. Cette région paire sert d'union au poitrail et à l'avant-bras, c'est le point d'union du membre antérieur avec le tronc. La peau sera fine et plissée afin de faciliter les longs mouvements du membre. Par suite de frottements répétés, les ars peuvent être le siège de suintements, le cheval *fraye aux ars*. Cette défectuosité est activée par la chaleur et par les exercices violents ; les chevaux serrés ou gras y sont susceptibles.

8° **L'inter-ars** est situé entre les 2 ars, et il est limité par le poitrail et le passage des sangles.

Il n'offre rien de remarquable, mais on fera attention aux traces de sétons qui pourraient s'y trouver.

9° **Membres antérieurs** qui comprennent : l'épaule, le bras, avant-bras, coude, châtaigne, genou, canon, boulet, paturon, couronne et pied.

L'épaule est fixée de chaque côté de la poitrine, à la partie la plus avancée. La surface sera un peu arrondie et ses contours bien dessinés notamment le bord, la pointe et la crête. L'épaule *musclée* est bonne contrairement à la *maigre* et *décharnée*. Chez les bêtes distinguées, la peau est fine et les muscles bien en relief. Un cheval bien construit aura l'épaule aussi longue que la tête. Plus elle sera longue, plus la bête aura des aptitudes à la vitesse. Il est préférable pour le trait que cette longueur ne soit pas exagérée; une plus petite longueur est mieux appropriée, quoique l'épaule longue restera toujours une qualité, si cette épaule est assez musclée. Si les contours de l'épaule ne sont pas apparents, on la dit *noyée*, chargée de chair, trop épaisse, massive. C'est un indice de manque d'énergie fréquent chez les chevaux provenant des contrées basses. Si les saillies osseuses sont très apparentes, l'épaule est *maigre;* on la dit *décharnée* quand l'amincissement des muscles est extrême. Si une épaule est plus basse que l'autre elle est dite *descendue*, elle dénote de la faiblesse constitutionnelle et sera rejetée.

Les mouvements de l'épaule seront bien dégagés. La moindre gêne dans le mouvement fera dire que le cheval *est pris dans ses épaules,* il craint d'allonger le pas. Si, au sortir de l'écurie, le cheval possède ce défaut, qui disparaît par le travail, on dit encore qu'il a les *épaules froides*. Si le cheval persiste, même pendant l'action, à ne pouvoir exécuter que des mouvements lents et raccourcis, il possède des épaules *chevillées*. Les épaules sont *plaquées*, si, en plus d'être chevillées, elles n'offrent peu de saillies osseuses. Du reste, les épaules froides et chevillées sont ordinairement écartées du corps et le poitrail semble enfoncé.

Quand le cheval souffre de l'épaule, il fait le pas très bas et décrit une courbe en dehors, *le cheval fauche.*

Ne pas oublier d'examiner la direction : l'épaule est *oblique*, si elle forme avec l'horizontale un angle de 55°, conformation bonne pour la vitesse. Elle donne du brio à l'avant-main ; les chevaux ont des mouvements aisés et bien développés, ils *steppent*, ils *frappent l'air.* Si l'angle est de 65 à 70°, l'épaule est *droite* et *courte.* Le cheval rase le sol et est exposé aux chutes, les mouvements sont restreints.

L'avant-bras sera vertical, l'obliquité est une défectuosité grave. Plus il est *long*, plus il est favorable à la vitesse ; *court*, il rétrécit les allures, le cheval *trousse* et *trotte du genou.* L'avant-bras *grêle* manque de volume, il est *ficelle ; cylindrique*, quand l'avant-bras *musculeux*, nerveux, a la forme d'un cône renversé.

La châtaigne est une plaque cornée, irrégulière, sans importance. C'est le pouce du cheval à l'état rudimentaire. Cette production rugueuse est d'autant plus prononcée que les origines de la bête sont moins nobles. Cet indice est sans valeur sur les champs de foire, car les marchands n'oublient pas de raccourcir cette partie quand ils le jugent à propos.

Le coude ou olécrane sera long et bien dirigé, il sera parallèle à l'axe du corps. C'est le régulateur des aplombs et des mouvements du membre. Déviés en dedans, les coudes sont *serrés ;* le cheval a les *coudes au corps*, il manque d'haleine, parce que la poitrine est étroite, on dit encore que les coudes sont *rentrés* sous la poitrine. Déviés en dehors, les coudes sont *en dehors, écartés.* On rencontre sur cette partie une tare nommée *éponge,* et qui provient de l'habitude qu'a le cheval de se mettre en vache pendant le décubitus.

Le genou, placé entre l'avant-bras, le canon et son tendon, doit réunir ces trois régions sur une même verticale. Il sera bien développé en tous sens et non mince. Le genou étroit est défectueux. Le genou de *veau* manque de largeur, de sécheresse et d'épaisseur. Dévié en arrière, le genou est *creux*, *effacé* ou de *mouton*. Dévié en dedans, le genou est dit de *bœuf*. Si le genou est porté démesurément en avant, il est dit *cambré*. Quand le genou est porté en arrière ou en dedans, le cheval trotte court, *il fait de la musique*, se coupe et est exposé à butter. Le genou sera aussi vertical que l'avant-bras. Si la ligne s'oblique en avant, le cheval est *brassicourt* ou *arqué* suivant la cause de l'obliquité : le brassicourt provient de naissance et est une imperfection sans importance, contrairement à l'arqure qui indique de la fatigue, de l'usure; on dit que le cheval part de son devant (voir page 264, fig. 53). Le genou *empâté*

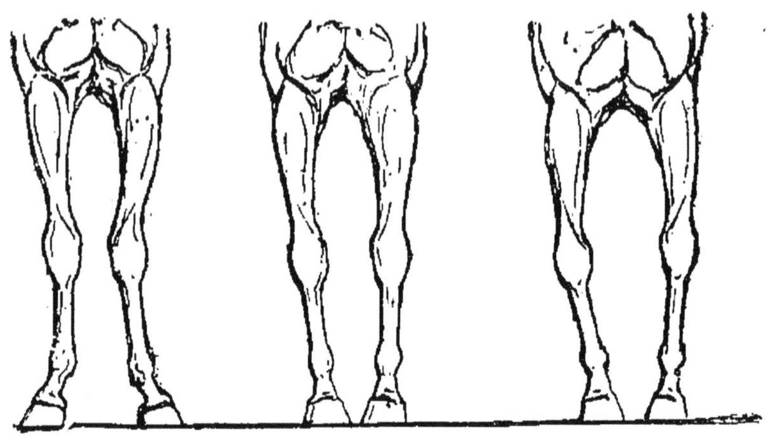

Fig. 40.— Défectuosités du genou.

révèle un tempérament sans vigueur, on le dit aussi *fondu*. La peau du genou sera fine comme celle de toutes les articulations. On remarquera si, au pli du genou, n'existent pas des *malandres* ou crevasses longues. Le genou sera exempt de toutes cicatrices et ne sera pas *couronné*. Attention aux poils hérissés ou bien aux poils plus clairs. Cela dénoterait que le cheval est tombé. Attention aux osselets et aux vessigons articulaires ou tendineux. Le genou est *cerclé*, s'il présente des osselets sur tout son parcours.

Le *canon* a pour base le métacarpien principal et le péroné. Il sera vertical, long, large, épais et sec.

Le canon *mince* est *grêlé* et manque de force, le cheval ne possède rien sous les genoux, il est *monté sur des allumettes*, il est ficelle et manqué. Le canon large donne un tendon bien détaché, précieuse qualité. Le canon *empâté*, mou, rond, rend l'aspect commun, le cheval est *dépourvu de ressort*.

Les tendons et ligaments. — Le tendon sera bien détaché, ce qui est facile à constater en coulant la main sur cette partie. Cette région assez fragile peut être le siège d'altérations graves amenant parfois la boiterie. L'engorgement est la plus courante. Si une affection quelconque a laissé sur la longueur de cette partie des nodosités, le tendon est *noueux*. Faire attention à cette particularité en se rappelant que la netteté du tendon et du canon dénote une belle origine et une constitution vigoureuse. Un *tendon sec* indique la résistance des tissus et le cheval est alors bien *trempé*. Si, malgré que le boulet soit large, la région du tendon reste déviée dans la partie supérieure, le *tendon est failli ou plaqué*, défaut déjà grave, car le cheval se couronne facilement, il a perdu de son prix et de sa solidité. Un défaut encore plus grave survient quand le cheval a le *tendon claqué ;* c'est l'effort du tendon aussi appelé *nerf-ferrure ;* le cheval est claqué, suivant l'expression consacrée, le tendon est renflé dans le bas, dur, noueux et plus gros que celui du membre opposé.

Ne pas oublier de constater la présence des *suros*, productions osseuses formées sur le ligament interosseux qui réunit le péroné au métacarpien principal. Ces tares ne sont pas toujours graves et disparaissent avec l'âge si elles ne sont pas la suite d'un choc. Les suros sont donc accidentels ou fonctionnels. Ne pas les confondre avec les *ostéites* de fatigue ou *sorchins* des poulains,qui sont passagers. Si les suros ne sont rencontrés que d'un seul côté, ils sont *simples*, et *chevillés* quand ils existent des deux côtés. On les dit en *fusée* s'ils se succèdent sur toute la région. On prendra garde de les confondre avec la petite proéminence que forment les métacarpiens rudimentaires latéraux.

Le *boulet* est situé entre le canon et le paturon. Il sera épais, large, sec et bien ouvert. Le boulet *mince* est défectueux, étroit, grêle, rond, coulé. On dit que le cheval a des poignets minces, légers, les attaches faibles ; il manque de poignets. Le boulet joue un grand rôle pour la station et l'appui en diminuant considérablement les réactions dans les allures vives. Le boulet sera proportionné au volume du corps et au développement du membre. Le boulet petit indique un manque de résistance à une fatigue prolongée. Pour être bien dirigé il mesurera un angle de 150° environ. Si cet angle formé par le paturon sur le canon est plus ou moins ouvert, et que le premier os se rapproche de la verticale, le cheval est *droit sur ses boulets : il est piqué.* Si la déviation en avant est exagérée, c'est-à-dire les saillies articulaires du canon sont portées en avant, le cheval est *bouleté ;* c'est une des suites obligées du nerf-ferrure; c'est un signe d'usure ou de douleur vive dans les tendons sur lesquels le cheval n'ose se poser ; c'est un signe d'altération du pied ou d'encastelure. Ce défaut est persistant; s'il ne se produit que par suite d'une mauvaise position au repos, on dit simplement que le cheval est *juché.* Il *pigeonne*, s'il baisse le boulet en marquant plusieurs périodes répétées après s'être juché. Faire attention aux traces de feu, aux eaux aux jambes et aux autres suintements. Les chevaux s'atteignent quelquefois aux boulets par faiblesse, fatigue, usure, surtout s'ils sont mal ferrés; c'est à cet endroit qu'ils *se coupent, se touchent, se taillent, s'entraillent.* Si les chocs ne touchent que les poils, le cheval *frise.* Constater, s'il y a lieu, la présence des *hygromas*, des *mollettes* tendineuses ou articulaires, qui sont de véritables tares synoviales. Les mollettes produisent un gonflement au-dessus du boulet. C'est un indice d'usure qui amène presque toujours la boiterie. Elles se rencontrent sur un des côtés du boulet. Situées sur les 2 côtés, les mollettes sont *chevillées.* Par suite d'atteintes graves, le boulet s'entoure d'osselets, on le dit *cerclé.* Les boulets *fatigués* se reconnaissent par l'empâtement de la région ; les synoviales sont gonflées et ne forment pas de tumeurs précises.

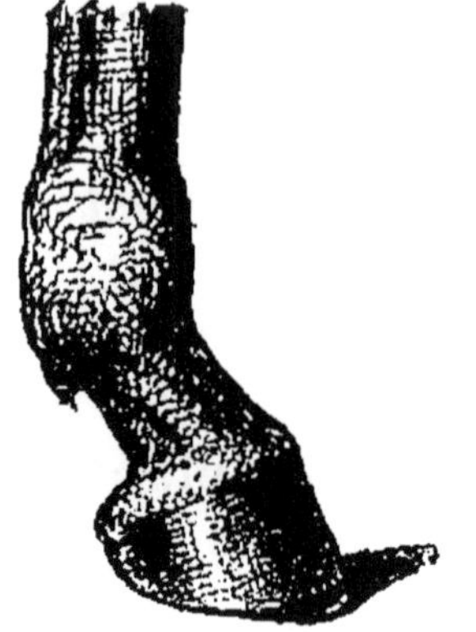

Fig. 41. — Mollette.

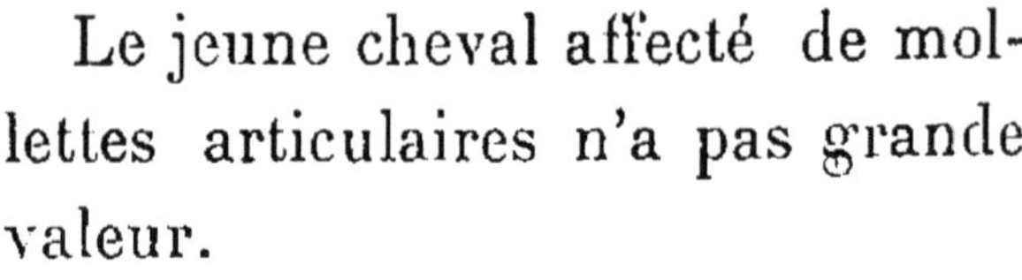

Le jeune cheval affecté de mollettes articulaires n'a pas grande valeur.

Ce cheval n'est propre qu'à un petit service, de peu de durée. Le mieux serait de ne pas l'acheter, car on ne pourrait guère s'en servir.

Les *mules traversières* sont les crevasses du paturon ou du boulet.

L'*ergot*, petite production cornée située à la face postérieure du boulet. Autour de l'ergot se trouve un paquet de poils longs et durs appelés *fanon*. L'ergot est d'autant plus accusé, et le fanon d'autant plus fin que les chevaux sont de race distinguée. Le fanon abondant est un signe de bête commune.

Ces deux parties semblent être faites pour protéger la face postérieure du boulet quand elle vient à toucher le sol dans les grandes réactions, comme on le remarque chez les coureurs long jointés.

Le *paturon* sera large, épais et sec et suffisamment incliné en prenant une bonne direction. La ligne d'obliquité du paturon sera la même que celle de la pince du sabot. Les paturons antérieurs sont un peu plus longs que les postérieurs dont l'angle est d'environ 60° avec l'horizontale. Un paturon court (*court jointé*) rend l'appui solide et ménage les tendons ; le paturon trop court est dit *droit ou haut jointé*, les réactions sont trop dures. (Voir page 264, fig. 53.) Le paturon trop long, trop incliné, fausse les aplombs et le cheval est *long jointé*, les réactions sont très atténuées et le membre manque de solidité à la fatigue. Chez certains long jointés, le défaut n'est pas grand quand les tendons sont fortement *trempés*. Rechercher les traces de *formes*, tumeurs dures de la région phalangienne. Voir si, par suite de la malpropreté prolongée, les paturons ne retiennent pas des crevasses ou autres plaies longitudinales difficiles à guérir.

Fig. 42. — Forme.

Le *paturon* sec conserve une peau peu épaisse, le tissu sous-conjonctif peu fourni, les poils fins et courts. L'os et les tendons apparaissent avec leur forme et leur direction spéciales.

On se méfiera des cicatrices linéaires que certains maquignons pratiquent sur chaque côté du paturon.

Cette opération, dite *névrotomie* ou section des nerfs, rend le sabot insensible et fait disparaître pour quelque temps une boiterie chronique. A l'écurie, adopter un bon moyen pour attacher le cheval afin de lui éviter la *prise de longe*, qui arrive fréquemment quand le cheval se prend le paturon dans la corde fixée à sa mangeoire et au licol. Le meilleur mode est l'attache avec un *billot*, mode supérieur même au système à glissière si employé.

La couronne suit la direction du paturon et semble se confondre avec lui; elle est disposée en 3/4 de cercle au-dessus du pied. Elle sera large, épaisse et nette dans ses contours. Ne pas oublier de manier cette partie sujette à bien des affections plus ou moins dangereuses telles que, blessures, traces de feu sur des tumeurs, *javarts* ou abcès localisés, des suintements comme les eaux aux jambes, des *formes* coronaires et cartilagineuses, des décollements de la corne nommés *crapaudine*.

Ongle ou pied. — Il est composé extérieurement par une enveloppe cornée appelée *sabot*, qui protège les parties vivantes sur lesquelles il se trouve pour ainsi dire moulé. Le sabot est formé de plusieurs parties bien distinctes, constituées par une corne différente, et qui sont :

a) *La paroi* ou *muraille* comprenant : la *pince*, les *mamelles*, les *quartiers*, les *talons*, les *arcs-boutants* et les *barres*. La paroi est la partie la plus importante du sabot, elle comprend tout ce qui se voit quand le pied repose à terre. Elle sera plutôt convexe que concave ; elle sera élastique afin de permettre l'écartement des parties molles du pied au moment de l'appui et opérer la retraite de cet écartement lorsque l'appui cesse. Le professeur Montané fait observer que la partie de l'ongle qui adhère à la peau sera unie et régulière dans sa continuité, le bord sera exempt de toute altération. Dans la partie où elle se contourne pour former les talons, la muraille s'amincissant sera lisse et élastique à cause du grand poids que, par sa position, elle doit supporter. Le pied présentera une paroï lisse sans cercles, ni fentes nommées *seimes*. La corne de la paroi sera résistante, d'un aspect fibreux, noire ou blanche (la noire est plus solide), elle ne devra être ni trop dure ni trop molle ;

b) *Le bourrelet périoplique* est la bande mince et étroite qui se confond en arrière avec le tissu de la fourchette. Il est surtout destiné à secréter le *périople*, sorte de vernis protecteur de la corne du pied.

c) *La sole* ou *surface plantaire* est la partie du sabot qui repose à terre, c'est une plaque de corne assez sèche.

d) *La fourchette* recouvre le coussinet plantaire ; elle se trouve en arrière de la sole, où elle forme une saillie en forme de V. Les vides laissés de chaque côté et au centre du V sont les *lacunes* de la fourchette. Que la fourchette soit nourrie et bien développée surtout à la base. Les talons pourront alors être convenablement écartés et auront leur élasticité naturelle et obligée. Maigre, resserrée et desséchée, la fourchette fonctionnerait mal et laisserait les tissus qu'elle recouvre exposés à de graves affections. Faire attention à la *fourchette pourrie*, qui résulte d'un échauffement mal soigné. La partie se ramollit, et c'est le commencement du *crapaud*.

Un bon pied aura des dimensions proportionnées à la force du cheval examiné. C'est une partie très essentielle, la première de toutes sur laquelle doit se porter l'attention au moment de l'achat. Les Anglais disent avec raison que, sans pied, il n'y a pas de cheval. Le pied sera aussi long que large, plutôt grand quoique cela puisse indiquer un *pied plat* si défectueux. Vu de profil, il aura une obliquité d'à peu près 45° vers la pince, mais diminuera graduellement d'inclinaison jusqu'aux talons pour former un angle de 50 à 55°. Les talons, à peu près à la moitié de la hauteur de la pince, seront hauts et écartés les uns des autres, la sole sera concave et les barres saillantes. Les pieds antérieurs diffèrent avec les postérieurs quelque peu : les postérieurs sont moins arrondis, la paroi moins oblique, talons plus hauts, sole plus creuse, corne moins sèche. Suivant les races et les pays, on remarque que le cheval de montagne a le pied plus petit que le cheval de plaine.

Pour constater l'état du pied, il faut le lever. Pour lever un pied de devant, comme l'a dit notre maître, l'explorateur, en se plaçant à la droite, ayant le dos tourné du côté de la tête de l'animal, passe successivement la main correspondante sur l'encolure, sur l'épaule, sur l'avant-bras et le canon. Arrivé au paturon, il le saisit de toute l'étendue de la main, fait un effort soutenu pour obliger le cheval à lever le pied, effort qui est aidé par la pression de l'épaule de l'homme contre celle du cheval dont le centre de gravité est ainsi déplacé. Ne jamais heurter du pied, comme le font certains charretiers, la face postérieure du boulet.

Voici la manière de lever le pied de derrière d'un cheval, ce qui n'est pas toujours très commode. Nous extrayons ce qui va suivre du *Manuel des maréchaux :* « Abordez le cheval du côté montoir, en ne levant la main pour le toucher que lorsque vous serez près de lui. Caressez-le de l'encolure à la croupe. Par une sorte de massage dans le sens du poil, en appuyant assez franchement du plat des *deux mains*. Faites-les glisser jusqu'à la fesse. Laissez-y la main gauche et glissez la droite le long de la hanche et de la jambe jusqu'au paturon. Avant de lever le pied, répartir le poids de l'arrière-main sur la jambe droite en appuyant la main gauche sur la croupe. Soulevez le pied, posez-le doucement sur votre cuisse gauche. La main gauche descendra alors lentement et viendra saisir le paturon.

Pendant toutes ces opérations, il faut beaucoup parler au cheval et recommencer avec patience toute la progression, s'il se défend ou se tracasse.

Reposez doucement le pied à terre en l'accompagnant de la main droite, après avoir eu soin de remettre la main gauche sur la fesse gauche. Si le cheval est difficile, le dressage progressif indiqué ci-dessous donne des résultats. Un aide intelligent tiendra la longe du caveçon à 30 centimètres du chanfrein. Muni d'une longue gaule, il massera le cheval avec le bout de cet instrument tout le long du corps, sur le dos et les côtes, en imprimant une saccade au caveçon toutes les fois que le cheval regimbe contre la gaule, saccade proportionnée à la défense.

Placez le cheval dans un coin pour l'empêcher de reculer ou de se dérober.

Un autre homme fera du massage à la main, et l'on parlera fort au cheval s'il se défend, doucement s'il obéit. Un léger tremblement du caveçon suffira bientôt pour le faire rester tranquille.

On fait ensuite descendre le massage à la main jusqu'au jarret, puis jusqu'au paturon de la jambe à lever. Recommencer la progression si le cheval bouge.

Aussitôt qu'il sera en confiance, lui lever doucement

le pied. Ne pas trop insister au début, car, au bout de quelques séances de ce dressage, le cheval le plus terrible se laissera lever le pied et ferrer.

Les juments pisseuses seules résistent à ce système. Elles se laissent souvent lever les pieds par l'homme qu'elles connaissent.

N'oubliez pas non plus que certains chevaux sont difficiles à ferrer à côté d'un camarade et que d'autres ne sont maniables qu'à l'écurie.

D'autres encore ont besoin pour rester tranquilles d'être aveuglés au moyen d'une couverture, etc., etc. Somme toute, vous arriverez à tout par la douceur et la patience, à rien par les moyens de contention et la brutalité. »

Le *petit pied* est distingué, mais exposé à la boiterie; il est susceptible à se serrer et même à s'encasteler. Le *grand pied* est lourd à déplacer et expose à la chute de la bête. Les *pieds de mulet* ou pieds étroits sont sujets aussi au resserrement. Les *pieds inégaux*, désagréables à la vue, font suspecter une ancienne boiterie qui peut un jour ou l'autre revenir. Le *pied plat* est exposé aux *bleimes;* le *plein* est l'exagération du précédent; le *comble* devient convexe en bas; le *pied à oignons* présente des tumeurs plus ou moins apparentes. Le *pied à talons hauts* redresse le paturon, les *talons bas* allongent l'obliquité du paturon en rendant le pied faible et sensible, le cheval est exposé à butter. Les *talons hauts* sont susceptibles aux *bleimes*, mais il faut remarquer que les défectuosités relatives aux talons bas et hauts ne s'appliquent qu'aux pieds antérieurs.

Le pied à *talons fuyants* rend le cheval bas et long jointé ; les *talons serrés* sont rapprochés et inclinés en dedans; la fourchette est petite, ils prédisposent à l'encastelure. En général, le pied comble et le pied à oignons sont la conséquence de la fourbure. Le *pied encastelé* est serré sur les côtés, la paroi, plus élevée que d'ordinaire, manque d'obliquité. Ce défaut est observé communément sur les chevaux fins dont la corne est fine et sèche; il nuit aux services à rendre, car il occasionne de fréquentes boiteries. Le pied *panard* porte le pied à être tourné en dedans; le *cagneux* appuie au contraire en dehors. (Voir la fig. 40 de la page 198.) Le panard est exposé à se couper avec le quartier, le cagneux peut se couper avec la mamelle. Le pied *pinçard* presse et appuie surtout sur la pince, le boulet se trouve considérablement redressé; le pied *rampin* est l'exagération du précédent. Le pied *cerclé* a des courbes saillantes sur l'étendue de la paroi. Si les courbes sont nombreuses, elles dénotent un pied souffreteux; s'il n'y a qu'un cercle assez gros, c'est le signe que le pied a été le siège d'une maladie plus ou moins rapprochée selon la hauteur sur la paroi. Le cercle disparaît par la croissance de la corne, c'est-à-dire par *avalure*, comme le disent les maquignons. Voir si la corne n'a pas été rapée dans le but trompeur d'enlever les cercles de *javarts* et de *fourbure*. La corne mauvaise détermine le *pied gras* ou *mou*, dont la corne est trop tendre; le *pied sec* ou *maigre* éclate sous l'action des clous de la ferrure, surtout si la corne est mal formée. Le *pied dérobé* a la partie plus ou moins détruite, la corne éclate par plaques et est irrégulière. C'est un indice que la corne est de mauvaise nature ou que le cheval a marché sans être ferré. Ce défaut peut être passager; dans ce cas, il disparaît par la pousse naturelle de la corne, mais, tant qu'il existe, l'application d'une bonne ferrure est impossible.

Nous nous résumons en répétant ce que nous avons dit : pas de ferrure, pas de pied, pas de cheval. Tous les ennuis seront évités, pour cette région plus que pour toute autre, par la prise de quelques précautions. Ainsi, en hiver, des fers à étampures d'attente percées obliquement près des talons seront prévues sur les fers.

Dans ces étampures, le conducteur peut seul, s'il est surpris sur sa route par de la neige ou des passages glissants, introduire des clous neufs ordinaires tout en rabattant la lance sur le bord du fer. On ne sait les accidents graves et durables, outre la fatigue et l'usure des parties travaillantes, qui seront évités par cette simple et utile précaution.

II. — Du corps.

1° *Le dos*, situé au-dessus de la région des côtes, est compris entre le garrot et les reins. Le dos et les reins constituent ce qu'on appelle la *ligne de dessus*. Le dos sera droit, c'est-à-dire que sa ligne sera horizontale ou très légèrement inclinée d'arrière en avant, car cette direction est favorable à l'action impulsive transmise par les reins. Incliné trop en avant, on dit le dos plongé ou *plongeant*. S'il existe une courbe en contrebas, le dos est *creux* ou *concave ;* l'exagération donne le dos *ensellé*, qui entraîne la faiblesse du dessus. Ce défaut est commun chez les bêtes usées, chez les vieux chevaux. Il faut remarquer, dans ces défectuosités, si elles proviennent du surbaissement de la voûte du dessus (*ensellement vrai ou réel*) ou si elles résultent de l'élévation du garrot et de la croupe (*ensellement faux ou apparent*). Quand la ligne dorsale est inverse, c'est-à-dire convexe, le dos est dit *dos de mulet ;* l'exagération de la courbe donne le *dos de carpe*. Ce dos est particulièrement solide et résistant, mais il donne des réactions dures et vives ; il ne convient pas à la selle, mais à la traction et au portage. Le dos peut être *étroit*, il est uni alors à une côte plate. Si la crête osseuse fait saillie sur les muscles, on dit le dos *tranchant*, et inversement, quand la crête est noyée dans le relief des parties charnues, le dos est *double*. Le dos tranchant est sujet aux blessures, y faire attention car ces blessures sont toujours sérieuses. Le dos double est parfait pour le trait. Le cheval a un *bon dessus* et le *dos bien fait* s'il est large, bien dirigé et pas long; cette conformation indique la force. Le dos *long*, plus flexible, manque de force, à plus forte raison le *dos trop long;* le dos *court*, solide, rend les réactions dures, brutales.

2° *Les reins* font suite au dos. Ils sont limités par la croupe, les hanches, les flancs. Leur direction et leur largeur sont identiques à celles du dos. Le rein sera court, large et bien musclé. Le *rein court* est une beauté de premier ordre et surtout pour la vitesse, il donne à la région de la raideur et de la solidité. Le *rein long* est nécessairement faible, surtout quand il manque de largeur, il est *mal attaché* et défectueux quoiqu'il rende pour le service de trait d'assez bons services, à la condition d'être droit, bien musclé et suffisamment large. Le rein long transmet mal l'impulsion et il se trouve généralement flottant, pendant le déplacement du corps. Le rein est sujet aux mêmes accidents que le dos, accidents presque toujours d'une grande gravité. Comme le dos aussi les reins peuvent être droits, creux, ensellés, convexes, étroits, doubles, tranchants. Chez les bêtes fatiguées ou usées, les reins sont convexes ou voussés, alors que le dos reste droit. Si le rein ne se relie pas hori-

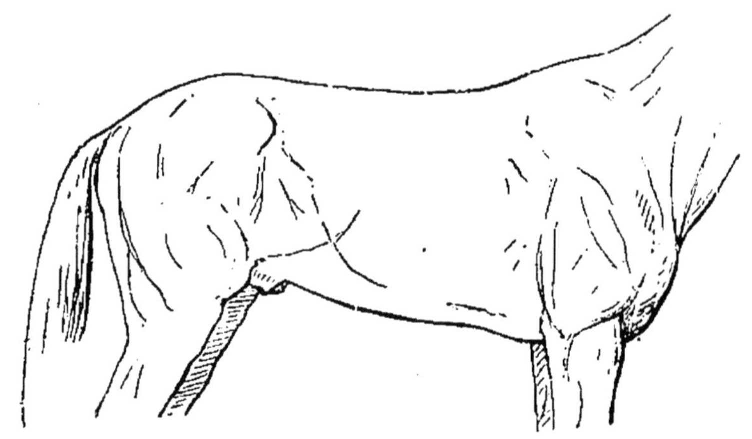

Fig. 43. — Défectuosités : garrot court, épaule droite, rein long peu musclé.

zontalement avec la croupe, il est *bas*, *mou*, *mal attaché*, *mal soudé*, il devient *plongé* si l'abaissement est prononcé et si la croupe paraît plus élevée. Ce défaut nuit à la rapidité, rend le recul difficile et est un manque de solidité. Il coïncide souvent avec un rein long, étroit et maigre.

C'est vers la partie moyenne du rein, que l'on opère un léger pincement en vue de s'assurer de la sensibilité et de la souplesse de la région. Ce pincement se fait avec la main droite si l'on est à droite et avec la gauche dans le cas opposé. Quand se produit le pincement, la bête doit se creuser quelque peu. Si la partie est trop sensible, l'animal se creuse beaucoup, et il manque de force dans cette partie. Quand le cheval reste insensible, on craindra l'ankylose partielle ou complète des lombaires. Le pincement dévoile la maladie nommée *tour de bateau*, *effort de reins ou mal de rognons :* le cheval marche difficilement, la croupe *flageole*, *se berce*. Le rein douloureux est sans force, et si, par mégarde, on augmente l'allure, un mouvement soudain de propulsion en avant peut occasionner la chute du cheval, impropre à tout travail. Ne pas acquérir la bête ayant des traces de feu sur la région, car l'on sait que ces traces indiquent un traitement appliqué sur une affection grave.

3° *Le flanc* est situé de chaque côté du rein, en arrière des côtes, en avant des hanches ; il sera court et plein. Le flanc comprend 3 parties bien délimitées ; le creux, la corde et le fuyant. *Le flanc court* coïncide avec une poitrine profonde et un rein court, on dit que le cheval n'a que *deux doigts de flanc*. *Le flanc long* est défectueux, le cheval se fatigue vite, il s'essouffle au travail, mais il faut remarquer que les juments ont constitutionnellement cette région plus longue que les chevaux. Le creux et la corde seront le moins visibles possible. Lorsque la dépression est trop accusée le *flanc est creux*. Si la saillie musculaire est par trop visible, la corde est accusée et le *flanc est cordé*. Si avec le ventre le flanc se relève brusquement, on le dit *retroussé ou levretté*. Quand le flanc est à la fois creux, cordé et levretté, le cheval est *efflanqué* et il se nourrit mal ; parce que sa digestion se fait mal, l'animal ne peut profiter.

Le flanc est très important à examiner parce qu'il est le miroir de la respiration. On se place à droite de l'animal et à quelque distance (en se fixant l'attention sur la partie fuyante) et aussitôt qu'il s'arrête d'une course rapide. C'est, du reste, le meilleur moment aussi pour comprimer le premier cerceau de la trachée si on le désire. Dans l'état sain et au repos les mouvements du flanc sont lents et réguliers. Si la respiration est entrecoupée et séparée en deux temps, le chevale st *poussif ;* les flancs s'abaissent au deuxième temps et entre chaque temps existe un arrêt désigné *soubresaut, coup de fouet, contre-temps de la pousse*. Au début de l'affection, ces phénomènes sont peu visibles, on dit que le cheval a du *vent*, qu'il a un *grain* et si la maladie est franchement accusée, le cheval est *poussif-outré*, c'est une maladie qui est caractéristique chez les chevaux énergiques, courageux et ardents qui ont été employés à des efforts violents.

Au début, le cheval fait rarement entendre la petite toux sèche de la pousse, toux bientôt accompagnée de jetage. Après avoir toussé, la bête ne fait pas entendre le ronflement particulier que rendent les poitrines saines; *il ne rappelle pas.* Si, par le maniement de la trachée, on ne peut provoquer la toux et que l'on aperçoive des mouvements irréguliers et accélérés du flanc, soumettre le cheval à une allure vigoureuse sans hésiter, car la respiration, devenue pénible, ne tardera pas à provoquer la toux.

C'est au flanc gauche que se fait l'exploration extérieure de la présence de la gestation chez la jument. On ne peut sentir le choc du poulain pas avant 6 mois de gestation, même si l'on fait boire à la bête quelques gorgées d'eau froide avant la palpation du flanc.

4° *Les côtes* forment la charpente osseuse de la cavité de la poitrine, elles seront rondes, bien attachées et longues. La côte courte est défectueuse. Du reste, une côte longue provient d'une côte ronde, comme la courte provient d'une côte plate. Dans ce dernier cas la poitrine est étroite et les membres sont peu écartés. Un cheval rond de côtes a *de la côte, du corsage, du sanglage*. La côte plate fait dire que le cheval *manque de côtes, qu'il a des fausses côtes, que les cerceaux sont peu descendus.* La côte ronde donne un flanc court; la côte plate, un flanc long. La côte est *basse, descendue*, si à la partie inférieure et en avant, elle dépasse le niveau du coude; le cheval a la poitrine *près de terre, du fond.* Si la côte n'arrive pas au niveau de la région nommée, le cheval est *trop enlevé*. Chez les chevaux de trait surtout il ne faut pas confondre la rondeur de la côte avec la rondeur donnée par le développement des muscles, et pour ne pas tomber dans cette erreur, il sera bon de toucher la côte, afin de la parcourir exactement, dans ses formes. Faire attention aux cors et autres blessures que l'on rencontre parfois sur la partie supérieure des côtes, et voir si, à leur partie inférieure, ne se trouvent pas des dépilations et des cicatrices provenant de l'application de sétons ou de vésisatoires trop adhérents.

5° *Le passage des sangles*, situé au bas de la poitrine, en avant du ventre, en arrière des coudes et de l'inter-ars, sera large, bien net, bien descendu et arrondi sur les côtés. La largeur surtout est indispensable, car elle est en rapport direct avec l'ampleur de la poitrine et le développement des pectoraux. La bonne conformation fait dire que le cheval *a du surfaix;* s'il est étroit, le cheval est *sanglé*, *n'a pas de passage de sangles*, il est sujet aux blessures de cette région, aux engorgements plus ou moins durs et est défectueux pour la selle.

6° *Le ventre* est situé au-dessous des flancs et des côtes ; il se trouve compris entre le passage de sangles, les flancs et les organes sexuels. D'après le professeur Montané, le volume normal du ventre se traduit extérieurement par une ligne inférieure légèrement convexe et régulièrement ascendante, depuis le passage des sangles jusqu'aux organes génitaux, tandis que la ligne latérale continue la convexité de la côte sans l'exagérer. Dans ces conditions les organes digestifs ont des dimensions capables d'assurer une bonne digestion ; *le ventre est beau* et le cheval est *rond*. Dans le cas opposé, le ventre devient *avalé*, *tombant*, *le cheval a un ventre de vache*. C'est une prédisposition à la pousse. On doit remarquer que les poulains et poulinières ont toujours le ventre développé.

Le ventre de vache accompagne un flanc creux ; le cheval est mou, peu disposé aux allures vives. Si le ventre est souple et non douloureux, c'est un signe général de santé ; résistant par places ou douloureux, c'est un indice certain que la bête a quelque lésion ou quelque engorgement de viscères ; si le ventre est tendu, le cheval est échauffé. Quand un cheval, au contraire, a un ventre peu développé, le ventre paraît retiré vers le flanc, *il est levretté ou étroit de boyaux*. Généralement le cheval est léger ou semble léger, il est énergique, mais il se nourrit mal, il digère mal et use beaucoup, ce qui fait dire que la *lame use le fourreau ;* le cheval est *cousu*, *loin de terre*, *enlevé*, *il manque de corps*, *lui passe trop d'air sous le ventre*.

Il arrive souvent qu'au lieu de manger le cheval boude au râtelier, *il lit la Gazette*, comme disent les marchands. Le ventre levretté est parfois le résultat d'une alimentation riche. De même que certains aliments prédisposent à la dilatation ventrale, d'autres, au contraire, rétrécissent les organes intérieurs. Ainsi, chez les chevaux de course nourris avec des aliments très concentrés, le ventre se rétrécit considérablement pour devenir quelquefois même levretté. Cette conformation factice ne contrarie pas l'intensité respiratoire et au premier changement de régime, à la fin de l'entraînement, le cheval reprendra sa constitution normale et première et abandonnera la forme qu'on est convenu d'appeler, par pure convention : belle.

Sur les faces latérales du ventre on remarque des tumeurs arrondies, très mobiles chez certains chevaux tarés et qui sont constituées par une portion de l'intestin déplacé ; c'est le résultat de chutes, contusions, coups et efforts ; les muscles de l'abdomen, se trouvant déchirés, laissent passer l'intestin qui vient former, sous la peau, une saillie appréciable.

7° *L'aine*, région paire située immédiatement en arrière du ventre au point de jonction du corps avec la face interne du membre postérieur où débute l'arrière-main. On recherchera la netteté de cette région, qualité en somme indispensable. La peau sera fine, souple et mobile au toucher. Cette peau recouvre les ganglions lympathiques inguinaux superficiels et profonds. Dans l'examen de la bête, on se rendra compte si ces ganglions sont quelque peu enflammés, car ils deviennent vite douloureux jusqu'au point de déterminer la boiterie.

Avec l'aine se termine l'étude des différentes parties constituant le *corps* de l'équidé.

III. — De l'arrière-main.

1° *La croupe*, limitée par les hanches, les cuisses et la queue, fait directement suite aux reins. La croupe sera longue, suffisamment inclinée, assez large et bien musclée. Une *longue croupe* indique une conformation bonne à la vitesse. Les Arabes, si experts dans le choix des chevaux, disent avec raison : « Prends les yeux fermés le cheval dont la croupe est aussi longue que le dos et le rein réunis, c'est une bénédiction des dieux. » La *croupe courte* n'est pas bonne pour les services rapides, ni pour la selle, mais elle peut néanmoins convenir aux services de trait, si, toutefois, le développement des muscles est suffisant. Par rapport à sa direction, la croupe peut être horizontale, oblique ou inclinée. La *croupe horizontale* détermine avec l'horizon un angle inférieur à 25°, l'exagération fait dire que la croupe est *trop horizontale*. La croupe *inclinée* nuit à la vitesse tout en favorisant les mouvements enlevés. Agréable pour la bête de manège, elle est appréciée pour le trait parce qu'elle est résistante à la fatigue et aux efforts. La *croupe oblique* est forcément courte et offre par ce fait des inconvénients. Quand l'obliquité est très accentuée, la croupe est dite *ava-*

Fig. 44. — Croupe avalée.

lée ou en pupitre et si en plus elle devient très courte, la croupe est alors *coupée*.

Ce défaut se rencontre chez les chevaux communs de race dégénérée. Contrairement à la *large*, la croupe *étroite* manque de résistance et de fond, elle est surtout à rejeter pour les juments poulinières.

Si cette partie est étroite en arrière, on la dit *pointue, en amande, en cul-de-mulet.* Quand le haut de la croupe forme saillie et que les muscles sont peu développés, de chaque côté se forme un plan incliné vers les hanches, la croupe est *tranchante ou de mulet.* C'est un caractère des chevaux de mon-

Fig. 45. — Croupe double.

tagne. Si les saillies osseuses sont très prononcées, on trouve la croupe *anguleuse*, qui n'est que disgracieuse si les muscles sont assez puissants. Si, au contraire, les masses charnues sont développées au point de former à leur jonction un sillon bien marqué, la croupe est *double.* Indice de force propre aux bêtes de trait. Elle est défectueuse pour la selle par suite du bercement qui ralentit sensiblement les allures.

La croupe, quoique bien prise, peut être dépourvue du sillon médian, la croupe est *arrondie*, presque sphérique, on la dit *cul-de-poule*. La queue est plantée d'une façon bizarre et certains marchands disent que le cheval est *mal en croupe*. Quand la croupe est large, le cheval est *ouvert du derrière* et *chasse bien*, beauté remarquable pour la poulinière. Se méfier tout particulièrement des chevaux dont la *croupe berce* au pas comme au trot. C'est un signe d'affection plus ou moins grave des reins. La croupe devra toujours être nette et n'avoir aucune trace de feu ou de blessures quelconques.

2° *La queue* fait suite à la croupe. Le tronçon, mobile, est garni, par-dessus et sur les côtés, de crins qui servent à garantir le cheval des mouches et insectes divers. Chez les chevaux d'origine et de noble race, les crins sont fins, souples ou ondulés, quand, chez les bêtes communes, les crins sont épais, gros, mêlés et moins souples.

L'attache avec la croupe doit continuer avec harmonie la ligne dorsale. La queue est *bien attachée*, bien portée quand elle est relevée pendant le travail. Inversement, la queue reste basse et semble *plantée comme dans une cerise;* on l'appelle *queue de lapin*, *mal attachée, collée*. Quand la queue n'a pas été raccourcie, le cheval est *à tous crins;* si l'extrémité a été raccourcie, le cheval est *écourté ;* si le tronçon est coupé très court, de façon à ce que les crins soient au même niveau, la queue est dite *en brosse*, en *sifflet* ou *courte queue.* La queue dite à *l'anglaise* consiste en une excision avec perte de substances des muscles abaisseurs.

Le *nictage*, opération française, n'est qu'une incision sans perte de substance.

Si les crins n'ont pas été coupés sur le côté, contrairement à ceux du milieu, la queue est *en catogan.* Chez le cheval écourté, la queue devient vite *en balai;* les crins d'une longueur inégale donnent une touffe plus ou moins effilée. Quand les crins sont peu fournis et courts naturellement, on la dit *queue de rat.* Quoique disgracieuse, elle dénote un tempérament énergique et généreux, si bien que les Arabes disent « qu'une queue de rat n'a jamais laissé le cavalier dans l'embarras ».

Si les crins ont été coupés au niveau du pli de la fesse, la queue semble étaler les crins qui se déploient; la queue est en *éventail*, on la dit *queue de paon.* Certaines personnes ne coupent jamais les crins de leurs chevaux, elles préfèrent les replier sur eux-mêmes par temps de boue, la queue devient *troussée.* Quand on sera en présence d'une queue troussée, faire attention, car on peut se trouver en face d'une *fausse queue* adroitement dissimulée par le troussage. Quelquefois aussi elle peut dissimuler une queue de rat, mais cela n'a qu'un petit désavantage extérieur. Se méfier de la queue mobile, surtout quand on approche de la bête ; elle indique un vice plus ou moins caché ; les juments *pisseuses* ou nymphomanes *fouaillent* même au repos, c'est-à-dire que leur queue remue sans cesse, surtout si elles se disposent à la ruade. Si les crins sont usés, mêlés, arrachés, c'est que le cheval a pris la mauvaise habitude de se frotter contre les poteaux, les murs, les bas-flancs. Quand la vermine, la gale, un prurit quelconque commence, c'est par la queue que les premiers symptômes se font voir.

Chez le cheval en vente il ne faut pas craindre d'enlever la paille avec laquelle certains marchands parent la queue de la bête. Faire attention si la queue n'est pas *immobile* ou si, inversement, pour dissimuler l'immobilité, on n'a pas mis quelques rubans ou attaches diverses. Voir si les crins ne sont pas faux et s'assurer de la résistance offerte par la queue quand on veut la soulever, tout en prenant ses précautions pour éviter les méfaits d'une ruade ou d'un coup de pied. Plus la queue est difficile à soulever, plus elle résiste, plus le cheval sera vigoureux. Une queue immobile se laissera soulever et abaisser facilement; c'est une tare grave.

3o *Les hanches*, situées entre les flancs et la croupe, ont pour base l'os nommé *illium*. La beauté première de la région consiste dans l'écartement des deux hanches; elles seront *biens orties*, c'est-à-dire que les illiums seront peu saillants et seront placés à la hauteur de la croupe. Quand les saillies sont trop prononcées, *le cheval est cornu*, *en porte-manteau*. Ce défaut originel n'est pas un défaut véritable, la hanche semble simplement disparate; ne pas confondre cette constitution avec l'état de maigreur. Il est bon d'observer que la saillie des os est d'autant plus élevée que la croupe est oblique. Quand la hanche n'offre aucune saillie, on se trouve en face d'une bête manquant d'énergie et de puissance, la hanche est *effacée ou coulée;* si elle semble creusée, elle est dite *noyée*. Le cheval est alors *rond*, *noyé* dans ses autres parties. Si, par suite de traitements brutaux, l'angle saillant de l'os est cassé, fracturé, la hanche s'efface et le *cheval est épointé*, *il a reçu un coup de balai*. Quand la bête a une hanche plus haute que l'autre elle est *déhanchée*. Ce défaut est particulièrement grave, surtout par suite des boiteries à craindre.

4° *La fesse*, dit le professeur Montané, commence en haut, au niveau de la tubérosité ischiale, par une saillie connue sous le nom de *pointe de la fesse;* elle se termine en bas, sur la jambe, par une dépression nommée *pli de la fesse*. Entre la cuisse et la fesse existe, en dehors, chez les chevaux à tissus denses, une ligne de dépression appelée du nom pittoresque de *raie de misère* parce qu'on la rencontre aussi sur les animaux maigres. L'écartement des pointes sera aussi grand que possible et de plus la longueur de la fesse ainsi que sa largeur et sa puissance musculaire seront bien développées. Dans ces conditions, le cheval est *bien ouvert du derrière*, *bien culotté*, *bien gigotté*, *il a la fesse bien fournie*. La fesse décrit une courbe depuis la pointe jusqu'au pli terminal. Dans le cas opposé, la fesse devient *plate*, *maigre*, *de grenouille*, indices de faiblesse et de dépérissement; le *cheval est grenouillard*. Au lieu d'être longue, droite, bien descendue, conditions admirables pour la vitesse, la fesse peut être *courte*, *oblique ou coupée*. Si les muscles fermes sont nourris et bien développés, le cheval est bon pour un services à allures lentes; si la maigreur est excessive, la fesse devient *tranchante*. Faire attention aux blessures de la partie et voir si, à la suite d'un faux pas, les muscles ne sont pas détendus au point de déterminer une boiterie persistante, peu commode à détruire et connue sous le nom d'*allonge*. Les cicatrices à la fesse indiquent souvent un traitement dérivatif de la fluxion périodique.

5° *La cuisse*, limitée par la hanche, la croupe, le flanc, la jambe et la fesse, comprend deux faces, l'une externe et l'autre interne ou *plat de la cuisse*. Elle sera sèche, épaisse, arrondie et bien fournie de muscles vigoureux. La face interne, chez les chevaux énergiques, présente une séparation bien définie avec la jambe qui suit. Elle se trouve recouverte d'une peau fine sans poils et longée par la *veine saphène* où se pratiquent dans quelques circonstances des saignées. Attention aux *tumeurs molles* qui proviennent généralement de coups de pied ou de traces de séton ou de vésicatoires.

6° *Le grasset* correspond au genou de l'homme, il a pour base la rotule, qui lui donne sa forme ronde et est située en avant de l'angle formé par la cuisse et la jambe. Le grasset peut être le siège de vessigon grave. Le *pli du grasset*, formé d'une peau fine et souple, rattache le grasset au ventre. Le grasset sera net et bien dirigé et un peu en dehors du ventre afin que la rotule ne soit aucunement gênée. La rotule peut être accidentellement déviée très en dehors; ce défaut, peu rare chez les poulains ou les bêtes jeunes, se remet facilement dans la plupart des cas. Dans l'examen de la bête, voir s'il n'y a pas l'*arrêt de la rotule* ou bien un vessigon rotulien, tares principales de la région, toujours graves, comme les blessures.

7° *La jambe* correspond à l'avant-bras et s'étend de la partie inférieure de la cuisse au jarret. Elle sera longue, bien dirigée, bien musclée et large. Elle aura une inclinaison moyenne de 70° avec l'horizon quand le canon sera vertical. La jambe longue, moins inclinée, est favorable aux allures rapides ; la jambe courte, plus oblique et fortement musclée, convient bien aux bêtes de trait. Le cheval qui a une jambe dont la saillie musculaire formée en avant et en dehors est prononcée possède *du mollet*. Plus la jambe sera musclée, plus l'énergie sera grande. La *jambe grêle*, plate, de grenouille, manque de force et appartient à un cheval faible de résistance.

8° *Le jarret* est compris entre la jambe et le canon. Il sera solidement constitué afin de soutenir au mieux l'action des muscles de l'arrière-main, de résister aux réactions dures, aux arrêts brusques, aux pentes rapides, etc. En plus de ses faces, le jarret comprend : 1° *le pli* angle rentrant observé à la face antérieure ; 2° *la pointe ou sommet* correspondant au calcanéum ; 3° *la corde* formée par des tendons développés ; 4° *le vide ou creux* entre le calcanéum et l'extrémité du tibia.

Le jarret devra mesurer une grande largeur du du pli à la pointe ; il sera épais, sec, net et bien évidé.

Le manque de largeur des faces est un grand défaut ; le jarret n'est pas solide et ne tarde pas à se tarer.

Par rapport au degré d'ouverture, le *jarret est droit* s'il conserve une direction de 65 à 70° et que le canon reste droit; le jarret est *coudé ou de cochon* dans tout autre cas. Le premier est favorable à la vitesse sur terrains plats, le second convient aux chevaux de trait, il possède la force du jarret dit fermé. Le jarret est *fermé* quand la jambe s'incline, le canon restant vertical. Le jarret coudé favorise les mouvements enlevés surtout si la croupe est lon-

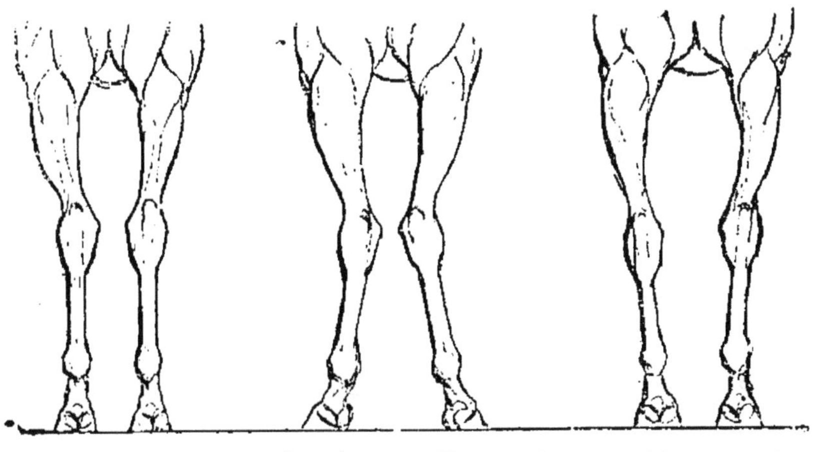

Jarret droit. Clos (Panard). Ouvert (Cagneux).

Fig. 46. — Directions des jarrets.

gue et oblique. Le jarret fermé est moins vite que le jarret ouvert, c'est une jolie et bonne qualité pour le service de trait.

La direction des jarrets peut s'écarter de l'axe du corps et par le fait les pointes arrivent à se rapprocher jusqu'à se toucher. Déviés en dedans, les jarrets sont *clos ou crochus*; certains hippologues voient là un commencement de tare indiquant peu de service à obtenir. Si la déviation est très prononcée, le cheval a les jambes en *pieds de banc*. Déviés en dehors, les jarrets sont *cambrés, le cheval est bancal*. Il faut remarquer que les jarrets en dedans ou en dehors sont aussi *vacillants*.

Quand le jarret n'est pas large il est *grêle, mince, étroit;* quand il n'est pas assez long, on le dit *noué court, ramassé;* s'il n'est pas sec, bien évidé, il sera *gras, plein, empâté*. Le jarret étroit est dit aussi *étranglé*. Quand le jarret est en avant, le canon prend une direction oblique en avant et le cheval est *sous lui du derrière:* le jarret en arrière ou *jarret de chien* fait *camper du derrière* et dispose à l'ensellement.

Les jarrets, plus que toute autre partie du cheval, sont sujets à de nombreuses défectuosités, tares et blessures qui, pour la plupart, sont dangereuses. Un cheval est vite déprécié de valeur par l'apparition d'une seule tare et, avec raison, on portera toute son attention sur les jarrets quand on se trouvera en présence du cheval en vente. Parmi les plus importantes défectuosités il faut remarquer :

a) *Les solandres*, espèces de crevasses identiques aux malandres. Les solandres sont situées dans le pli du jarret. Quoique peu graves au début, il est bon de se méfier et de prendre toutes précautions.

b) Le *capelet* ou *passe campagne*, tare molle, coiffe la pointe du calcanéum, provient le plus souvent de l'excès de la ruade. Se méfier d'une bête ainsi tarée.

Fig. 47. — Capelet

c) *Les vessigons* articulaires et tendineux, tares molles des synoviales du jarret qui peuvent être simples si elles n'existent que d'un côté, doubles des deux côtés et chevillées quand on rencontre en plusieurs.

d) *La courbe*, représentée par l'exagération de la malléole interne du tibia. Elle est située à la partie

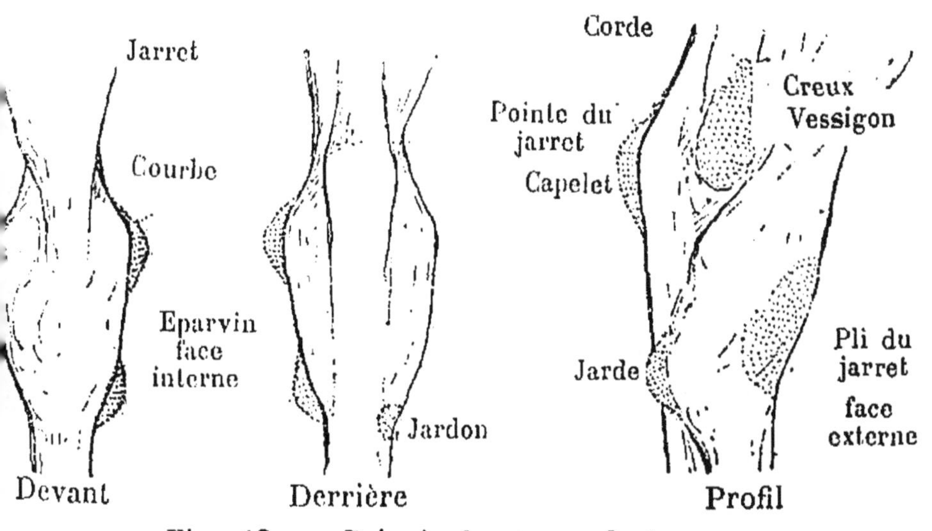

Fig. 48. — Principales tares du jarret.

supérieure de la face interne du jarret, au-dessus de son pli. Ordinairement, la courbe est localisée, mais si elle se porte en arrière elle devient plus dangereuse parce qu'elle limite le jeu de l'articulation Elle se distinguera aisément par l'éminence osseus au-dessus de l'articulation interne.

e) *La jarde* ou jardon se traduit par une convexit plus ou moins accentuée de la ligne du tendon en arrière du bas du jarret; elle survient donc à la partie inférieure et postérieure de la face externe du jarret. Le meilleur moyen d'observer la véritable jarde est de se placer pour voir le profil postérieur du canon à sa partie supérieure. On verra si le profil est rectiligne ou non. Dans cette dernière hypothèse, il y aura présence d'une forte jarde. Plus la masse se tourne en arrière, plus elle devient dangereuse.

A juste raison Sanson fait remarquer que, taré ou non par la jarde, le jarret n'en vaudra ni moins ni plus en réalité si sa construction est telle qu'elle le mette dans l'impossibilité de résister sans avarie à des efforts intenses et soutenus. L'absence de la tare indiquera simplement que ce jarret n'a pas été soumis à des efforts dépassant la limite de sa résistance. C'est donc cette construction qu'il faut examiner avant tout.

f) *L'éparvin*, à l'opposé de la jarde, se développe à la face interne du jarret au niveau de sa réunion avec le canon. Il sera plus apparent si le cheval se déplace; c'est la tare la plus grave du jarret qui, comme la courbe et la jarde, devient de plus en plus dangereuse à mesure qu'elle se tourne en avant. La gravité plus ou moins grande dépend du volume, de la forme et de la position.

Quand l'éparvin se trouve au-dessus de la châtaigne, il offre peu ou pas d'inconvénients ; s'il se trouve plus haut et en arrière, il est plus grave, et s'il se porte plus en avant, il devient d'une gravité considérable. D'après Sanson, le moyen le plus commode pour constater la présence ou l'absence de l'éparvin n'est point de se placer, comme on le fait trop souvent, en arrière du cheval afin de juger du degré de saillie de la tumeur. Il vaut infiniment mieux se placer sur le côté et considérer le profil postérieur du métatarse latéral interne. Quelque saillie que montrent les os du tarse, si ce profil est droit, il n'y a point d'éparvin ; s'il est courbe, au contraire, si peu que ce soit, l'existence de l'éparvin débutant est cer-

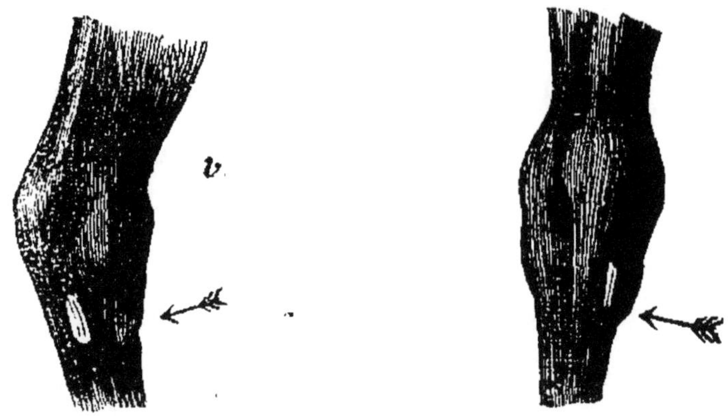

Fig. 49. — Eparvin.

taine et avec le temps sa manifestation ne pourr que s'accentuer.

La courbe, l'éparvin et la jarde sont des tares *osseuses* ou dures. Pendant leur constitution on trouv avec plus ou moins d'intensité la présence d'un boîterie. mais quand ces tares se sont ossifiées, la boîterie s'atténue et peut dans certains cas disparaître totalement. On distingue simplement une certaine rigidité dans la partie malade et par comparaison avec la saine.

L'éparvin considéré est dit *éparvin calleux*, qu'il ne faut pas confondre avec l'*éparvin sec*, qui donne un mouvement convulsif au membre postérieur en marche, surtout au départ. Ce mouvement spécial, dit *harper*, nuit simplement à la beauté et à la rapidité. Quand on observe des tumeurs osseuses dans tout le pourtour du jarret, on le dit *cerclé*. L'éparvin qui commence par une tumeur non encore ossifiée s'appelle *éparvin de bœuf*.

Fig. 50. — Varice.

g) On peut rencontrer aussi des traces d'accidents ou d'opérations, telles que traces de feu, varices, traces de cicatrices de vieilles lésions. Attention à ces particularités toujours de mauvais augure.

9° *Le canon, les tendons et ligaments, le boulet,*

le paturon, *la couronne et le pied* terminent les parties de l'arrière-main ou arrière-train. Ces parties, à part plus ou moins de vigueur, présentent sensiblement les mêmes caractères, les mêmes beautés et les mêmes défectuosités, que celles des membres antérieurs correspondants. Il est inutile de recommencer leur description quoique ces parties de base soient assurément les plus importantes à considérer. Les Anglais, gens amateurs de beaux chevaux par excellence, recommandent de ne jamais aborder l'étude d'un cheval en vente que les yeux fixés sur les pieds de la bête. De cette façon on ne sera pas tenté d'être « emballé » sur la valeur de l'animal parce qu'il peut posséder des dehors trompeurs tels que beau dessus, forte musculature, dont on ne saurait que faire si l'animal ne possédait pas une base de sustentation solide. On se trouverait en présence de l'historique statue dont les pieds étaient d'argile et la tête d'airain.

10° *Parties diverses.* — *a*). *L'anus*, qui termine le rectum est recouvert d'une peau fine. Il sera arrondi, peu volumiueux et bien clos par le muscle dit sphincter. Ainsi fait, l'anus dénote pour l'ensemble de la bête un indice de vigueur, de bonne santé ; le contraire est à supposer quand l'anus est enfoncé, flasque, ballottant. Chez les chevaux blancs ou gris, les contours de l'anus sont très souvent le siège de tumeurs nommées *mélanoses* et qui sont constituées par une matière noire ; ces tumeurs sont incurables ne pas acquérir la bête. Quand la saillie est arrondie, bien visible, le cheval est *bien marronné*, c'est le cas pour les bons chevaux, car, chez les fatigués, l'anus est *creux*. Si l'orifice est béant sans cesse, le cheval est *vidard*. Voir aussi s'il n'y a pas de fistules anales.

b) *La vulve* aura des lèvres fermes qui ne présenteront aucune trace de blessures, de végétations, de verrues. Quand la commissure est écartée on voit le *clitoris*. Les traces de plaies signifient qu'il y a eu renversement du vagin ou de la matrice.

c) *Les mamelles* seront bien dessinées, surtout dans la plénitude, et exemptes d'affections quelconques.

d) *Le fourreau* sera peu volumineux, large et souple. Attention aux *poireaux*, sortes d'indurations, d'œdèmes.

e) *Le pénis* sera retiré à l'intérieur au repos, il sera lisse, cylindroïde et suffisamment long. Il ne présentera aucunes plaies, végétations et fistules. Voir s'il ne porte pas de paralysie partielle ou totale.

f) *Les testicules*, situés dans la région inguinale, sont enveloppés dans les *bourses*. Ils seront bien descendus, insensibles au toucher et fermes. Trop descendus, ils indiquent un tempérament mou, lymphatique.

Le *cheval hongre* ou castré est celui dont l'ablation testiculaire a été opérée. Quand un testicule manque, le cheval est *monorchide*, si les deux existent, mais ne sont pas descendus dans les bourses au point de ne pas être visibles, le cheval est *cryptorchide*. Le cheval mal castré est dit *couillard*.

g) *Le périnée* sépare l'anus des organes génitaux. La peau sera fine, souple, foncée ou marbrée par des taches de ladre. Voir si, à la hauteur de la pointe des fesses, n'a pas été pratiquée l'urétrotomie.

h) *Le raphé*, ligne longitudinale naturelle située au milieu du périnée forme un léger relief ressemblant à une couture. Qu'il soit exempt de traces quelconques.

Avec l'étude des parties diverses se termine l'étude générale de l'arrière-main, et par suite toute l'étude du choix de l'équidé par l'extérieur. Cependant il faut connaître certains détails se rapportant à la présentation de la bête, aux qualités et aux défectuosités des aplombs. Ces détails seront indiqués plus loin.

A PROPOS DU CHOIX DES POULINIÈRES

Toutes les remarques que nous venons de présenter s'appliquent sans doute aussi bien au cheval qu'à la jument. Cependant, en tant que reproductric (vocation féminine), la jument doit posséder certai nes qualités indispensables.

Comme sur toutes les questions touchant à l science hippique, on a beaucoup écrit. Mais nou ne croyons mieux exposer la question qu'en pla çant sous les yeux du lecteur l'étude qu'a publiée en décembre 1908 le journal si apprécié « le Chasseu français » :

« Le nombre des juments présentées aux étalon du Gouvernement s'est sensiblement accru. C'est un heureuse amélioration dont il y a lieu de se réjouir

Toutefois ce mieux n'est pas absolument complet car si la quantité a augmenté, la qualité n'a pas tou jours marché de pair et laisse encore à désirer. Tro de cultivateurs ne se font pas une idée assez exacte nous dirions volontiers assez élevée, de la poulinière et compromettent l'excellence du produit qu'elle es appelée à leur fournir en attendant uniquemen l'amélioration qu'ils souhaitent de l'étalon lui seul. C'est une regrettable erreur.

On s'est demandé bien des fois quelle part exacte pouvait revenir à chacun des procréateurs chevalins dans l'acte générateur. La réponse satisfaisante es encore à trouver. Si l'étalon est capable d'influence 50 produits dans son année de monte il n'en est pa de même de la poulinière qui n'en influence qu'u seul pendant le même temps. Mais là n'est sûrement pas le point intéressant.

L'action du mâle ne semble durer qu'un instant, tandis que celle de la femelle, égale à celle du mâle pendant l'accouplement, se poursuit sur le produit en formation dans les onze mois de la gestation d'abord, et se prolonge encore durant les six mois de l'allaitement.

Considérée donc au point de vue du premier parachèvement et de la perfection d'un seul produit, l'influence des procréateurs semble devoir être toute en faveur de la mère, qui fournit presque seule l'abondante matière des tissus du jeune être.

Aussi «Telles poulinières, telle production »,disent les Arabes : et ils ne vendent jamais leurs juments. « Telles poulinières , telle production », répètent avec la même conviction les fins et heureux éleveurs de la Normandie chevaline ; eux aussi ne cèdent leurs bonnes juments qu'avec une difficulté extrême et aux prix les plus exorbitants. « Telles poulinières, telle production », disent tous les éleveurs de nos vainqueurs célèbres; ceux-ci non plus ne livrent jamais leurs mères glorieuses ni pour l'honneur ni pour tout l'or du monde.

Choisir les poulinières avec la plus grande sévérité est donc bien loin d'être chose indifférente. C'est, au contraire, mettre du côté de la réussite le meilleur et le plus efficace des éléments d'hérédité ; c'est aussi assurer la meilleure rente à ses capitaux ou le revenu le plus élevé à ses avances, quand toutefois l'infériorité du père ne vient pas contrebalancer ou même annuler en partie la précieuse influence de la mère.

Ajouterons-nous que les poulinières, belles et bonnes, ne mangent pas davantage qu'une bête vicieuse dans sa structure, tarée des membres, travailleuse médiocre, manquant de taille et de gros ?

Les belles poulinières ne demandent pas plus de frais de logement, de pansage, d'entretien et travaillent au moins aussi bien. Il y a même économie pécuniaire à dépenser le prix nécessaire pour les obtenir, parce qu'on n'est pas sans cesse obligé de réformer des juments achetées sans discernement ou au hasard et de tout recommencer pendant nombre d'années, après avoir inutilement et ridiculement fait de grands frais, multiplié les essais aventureux, par suite infructueux, comme cela doit toujours arriver avec de mauvaises poulinières.

Toutes ces raisons font comprendre pourquoi le haut commerce et le grand luxe, qui sont les meilleurs payeurs, pour être les mieux servis, tiennent à s'approvisionner de chevaux dans les seules contrées où ces lois sont sévèrement observées, et non dans les pays arriérés, où le bon élevage est inconnu.

Elles nous montrent aussi combien est difficile e

scabreux le choix rationnel des poulinières, et pourquoi tant de gens font fausse route en cherchant à faire de toute bête, même tarée et usée jusqu'à la corde, une soi-disant poulinière.

« On ne tire pas de farine d'un sac de braise », dit un vieux proverbe gaulois.

On n'obtient pas davantage un animal puissant et vigoureux d'un corps rachitique, vieilli ou usé, et à la veille de devenir un cadavre.

J'ai, pendant longtemps, suivi les opérations d'une station où je voyais souvent amener une population de biques étriquées, de ficelles ou de bêtes déséquilibrées, fatiguées, usées, couvertes parfois de tares osseuses. Quant la jument était très belle — cas un peu rare — on attendait son extrême vieillesse pour la conduire à l'étalon.

Il m'arrivait alors de dire quelquefois au brave homme :

« Pourquoi donc, père Baptiste, ne l'avez-vous pas amenée dix ans plus tôt? Vous auriez élevé dix bons poulains et palpé de beaux louis !

« Ah ! dame, Monsieur, c'est une si bonne travailleuse, je ne voulais pas m'en priver. Mais maintenant ça ne va plus, elle est vieille, et, avant de la remplacer, je vais lui faire faire un poulain. »

Voilà l'histoire de tous les jours qui est aussi celle de presque tous les insuccès.

Nous le répétons, la poulinière ne donne jamais qu'une fraction d'elle-même, Si la valeur est nulle, une fraction de cette nullité vaudra o ; si sa valeur est seulement faible, bien plus faible encore sera toute fraction de cette faiblesse.

Et d'abord, toute jument *vicieuse*, fût-elle parfaite d'ailleurs, est mauvaise poulinière, car elle transmet son mauvais caractère à son produit.

Il en est de même de toute bête *atteinte de tares ou maladies héréditaires*, cornage, pousse, fluxion, jardes, éparvins,

Nous dirons même qu'une jument de service modèle n'est pas toujours pour cela une bonne poulinière. Car la vraie poulinière est un principe améliorateur ou elle n'est pas, elle est un princpe éminemment actif dont l'influence ou les conséquences se perpétuent fidèlement dans ses produits.

Au contraire, la jument de service modèle peut, sans l'ombre d'inconvénient, n'être qu'un beau résultat de rencontre, parce qu'elle est sans ascendance ancienne comme sans postérité héritière de ses qualités, ce qui est l'histoire des produits irlandais dits *hunters*, obtenus avec le pur-sang et la jument de trait. Aussi qu'arrive-t-il lorsqu'on a compté sur la jument, exclusivement de bon service, pour en faire une poulinière ? La disparition immédiate, dans le produit, des précieux caractères admirés chez la mère amène aussitôt une déception et des mécomptes d'autant plus amers qu'ils sont complets.

Qu'a-t-il donc manqué à l'opération? Des *ancêtres* pour communiquer de la fixité aux caractères.

Ne l'oublions donc pas, la vraie poulinière a besoin d'être issue d'une longue suite d'aïeux notoirement reconnus comme :

1° Exempts de toute affection morbide et de méchanceté ;

2° Illustres par leur vaillance éprouvée ;

3° Irréprochables de conformation.

Il est bien entendu qu'elle devra avoir travaillé sur les champs de courses ou sur le théâtre plus modeste de l'agriculture pour pouvoir transmettre ses aptitudes à un travail énergique et prolongé.

D'une façon générale, on peut, dans la pratique, réduire à six catégories les qualités maîtresses d'une vraie poulinière :

1° La bonne *production ;*

2° La vaillance au travail ou la beauté des *performances ;*

3° La beauté d'*origine* ou du *pedigree ;*

4° La perfection de la *conformation ;*

5° La force de *santé* soutenue par un *appétit vigoureux ;*

6° L'*âge de la plus grande vigueur* qui est entre 5 et 15 ans.

Demandons tout d'abord à nos poulinières de *produire régulièrement et très bon.*

Chez la jument ayant déjà donné des poulains, le nombre et la perfection des produits est le suprême *criterium.*

En second lieu, cherchons la *bonne coureuse* ou la *bonne travailleuse*, la bête à allures vives ; l'ouvrière endurante, de forte constitution et à bon caractère, sûre entre toutes les mains exercées.

En troisième lieu, ne négligeons pas l'*origine.* Faisons tout pour connaître son ancienneté, car elle seule donne la fixité aux qualités constatées. Que tous les ascendants soient franchement bons raceurs, exempts de vices et de tares transmissibles.

La production, les performances, l'origine assurées, occupons-nous de la *conformation.* Demandons à la poulinière la plus grande distinction. Elle sera un modèle à tous les égards.

Modèle d'ampleur, de gros, de forte constitution.

Modèle dans ses pieds non encastellés, bien proportionnés, bien faits.

Modèle dans ses membres puissants, étoffés, sains et secs ; dans sa hanche longue et large ; dans ses épaules longues et musclées à leur partie supérieure.

Modèle dans son corps près de terre, malgré une taille qui doit être avantageuse si elle n'est pas fille d'arabes.

Modèle dans son cylindre, à côte très ronde, un peu long, mais pas du dos.

Modèle dans ses mamelles de bonne nourrice, larges et à veines lactées apparentes, grosses, et souples.

Modèle dans sa poitrine vaste et intacte, c'est-à-dire large et haute, à sternum et épaules très sortis.

Modèle de *jeunesse* et non usée au service, si l'on veut avoir du lait abondant et bon, ce qui est indispensable.

Modèle enfin dans sa *santé*, son appétit et sa vigueur.

Nous affirmons que cette poulinière, loin d'être une chimère, existe dans tous les pays d'élevage prospères. Tout le monde la retrouve la première dans tous les concours annuels de la France. Elle y obtient toutes les primes élevées. Ses produits sont convoités par tout le monde et se vendent cher comme reproducteurs on comme carrossiers de grand luxe. En un mot, elle comble de succès, de gloire et d'or son intelligent propriétaire qui, nous le répétons, ne dépense pas plus pour la nourrir, la panser, la loger, que le pauvre ignorant n'en dépense lui-même pour une bête laide, vieille, tarée, qui ne vaut rien de bon, produit tous les ans pire qu'elle-même et n'engendre que déceptions et misère. »

COMPLÉMENTS NÉCESSAIRES A L'ÉTUDE DES ÉQUIDÉS

1° Remarques particulières. — Un cheval a un *beau dessus* lorsque la ligne du dessus, de l'encolure à la croupe, réunit les régions rencontrées par une courbe non heurtée.

Si les lignes du dessous s'harmonisent, le cheval possède un *beau dessous.*

Quand un cheval possède ces deux lignes il a un *bel ensemble*, il *est bien suivi.* Dans le cas contraire on le dit *décousu.*

Certains chevaux ont du *tic.* Ce défaut grave a presque toujours pour cause une affection organique de l'estomac.

Le cheval de selle peut avoir une bonne ou une mauvaise *assiette.* On entend par ce mot la manière dont le cavalier peut être posé en selle, c'est-à-dire l'appui solide et immobile sur lequel est fixée, bien équilibrée, la masse du corps du cavalier.

Les chevaux qui ont des parties empâtées, qui ont du *gros*, sont appelés *Bourdons*.

Depuis ces dernières années on a constaté que les chevaux attelés avec des traits rigides sont plus vite usés que ceux qui ont fait le même travail pendant des temps égaux avec des traits soutenus par des ressorts tracteurs dans le but de les rendre élastiques.

D'un autre côté, l'emploi des ressorts de traction permet d'utiliser pour une même bête 20 à 25 o/o de plus de force. Les ressorts épargnent aussi des compressions, des chocs très douloureux et de la fatigue nerveuse dans une notable proportion.

Quant au choix de l'animal en ce qui concerne son caractère, il faudrait des chapitres pour épuiser ce sujet complexe. On aura tort quelquefois d'écarter un animal brusque, un peu entêté ou même méchant. Cela peut provenir de mauvais traitements que de bons peuvent ramener rapidement dans la bonne voie avec de la patience unie à la prudence. Ainsi que le dit le Baron Henry d'Anchald avec sa haute compétence : « Le cheval traité habituellement avec douceur obéit à la voix. Les mauvais traitements envers les animaux sont une cause de perte par la diminution de leur durée. Ils modifient le caractère.

Le *fouet* est un instrument de direction ; il doit être un auxiliaire dans le cas de chevaux mous et non un instrument de torture. Il agit par le bruit qu'il produit et la douleur qu'il occasionne.

Avec le fouet d'un cocher de fiacre on peut donner un coup de fouet égal à 34 kg.; avec celui d'un camionneur 54 kg., si la lanière est carrée et 66 kg., si elle est ronde. Avec celui d'un charretier, 142 kg. (le fouet à une lanière conique dite : queue de rat).

Pour donner une idée de la douleur qui en résulte nous dirons qu'un coup de règle appliquée sur la paume de la main fait venir les larmes aux yeux lorsqu'il est égal à 2 kg. 430 et ne peut être supporté lorsqu'il est de 3 k. 820 s'il est donné sur le dos de la main même recouvert d'une peau de gant.

Si les lanières ont des nœuds la partie touchante aux nœuds subit une pression supplémentaire de 6 à 7 kg. par centimètre carré.

Le manche souple est un amortisseur de la douleur. Les mèches sont plus bruyantes que méchantes, elles sont plutôt utiles que nuisibles. Les lanières rondes et coniques font plus de mal que les lanières carrées et rectangulaires de même poids et de même longueur.

On pourrait préconiser un fouet à manche souple dont la lanière serait plate, de 10 millimètres de largeur sur 2 d'épaisseur, munie d'une longue mèche de 1 millimètre 7 de diamètre. »

Par ces données on voit l'importance qu'il y a à savoir choisir ses conducteurs. Ils ne s'agit pas d'avoir acheté un animal simplement, encore faut-il le maintenir en état d'être représenté à la vente le cas échéant. Savoir vendre est toujours le corollaire de savoir acheter.

Nous pensons utile de placer ici les conseils aux patrons et aux conducteurs de chevaux tels qu'ils sont présentés par « le Chasseur français » dans son numéro de décembre 1908.

2° Conseils aux patrons. — *Les patrons éclairés auront soin de se débarrasser du conducteur qui :*

Aime à se servir du fouet;

N'étudie pas le confort de son cheval;

Est dur, sévère, impatient, ou de mauvaise humeur;

Court aussi vite par le sable ou par la boue que sur bonne route;

Laisse le cheval découvert au froid, pendant que lui-même rentre se chauffer;

Donne des coups de pieds au cheval, crie après lui et le frappe mal à propos;

Surprend le cheval par un cinglement du fouet;

Est plus préoccupé de son propre dîner que de celui du cheval;

Veut être « obéi » par le cheval, sous peine de mort;

Se soucie plus du « grand genre » que d'humanité;

Se vante du poids des gros fardeaux qu'il a fai tirer par ses chevaux;

Néglige d'abreuver son cheval altéré.

Tout cela démontre que le conducteur ne connaît pas son affaire ou qu'il est trop paresseux ou trop indifférent pour mettre en pratique son savoir.

3° Conseils aux conducteurs. — Le cheval est le collaborateur méritant de l'homme. Il a donc le droit d'être aussi heureux pendant son travail que vous-même, et il faut donc le traiter *comme un ami.*

Un conducteur doit être le meilleur ami de son cheval et devrait étudier son confort.

Le fait d'être le maître ne donne aucun droit à maltraiter ou à mésuser.

Il faut plutôt guider le cheval par quelques paroles que par le fouet.

Nos meilleurs cavaliers ne se servent que rarement de la cravache, et *jamais avec sévérité.*

La politique d'économies est *la plus méprisable*, quand elle s'applique à des animaux muets.

Oublier le repas du midi du cheval est cruel et impolitique, *oubliez plutôt votre propre déjeuner.*

L'homme qui vole un cheval volera aussi son maître.

Les cris et les secousses au mors embrouillent le cheval et ne dénotent qu'un sot.

Battre le cheval, le frapper du pied, ce n'est que barbarie et niaiserie sans excuse.

Le premier niais venu peut ruiner un équipage, mais un bon conducteur sait en maintenir la valeur.

Les meilleurs conducteurs parlent beaucoup à leurs animaux.

Vous devriez flatter votre cheval et l'encourager par un morceau de pain, ou une carotte, même une pomme quelquefois.

Votre cheval a plus besoin d'eau que vous, surtout après le souper.

Une route sableuse ou boueuse double le travail.

Une élévation de route de un pied sur dix double l'effort nécessaire pour tirer le fardeau.

Le cabriolage provient généralement du mésusage, de la charge exagérée, ou d'une gêne dans le harnachement.

Ne frappez jamais le cheval qui bute, ne le maltraitez pas. Attirez son attention sur quelque chose, et faites-le avec patience.

Aucun cheval ne devrait porter un ferrage plus de quatre semaines.

Les chevaux se sentent quelquefois malades (aussi bien que vous-même), et il faut donc leur accorder de temps à autre un peu de repos.

Les conducteurs tranquilles et patients en valent deux des autres.

Les conducteurs adroits usent rarement du fouet. Les fouets coûtent plus qu'ils n'économisent.

L'enrênement est aussi inutile que cruel. C'est un tourment continuel pour le cheval ; cela entrave les mouvements d'inspiration en gênant l'action des muscles du cou et de la poitrine.

Votre cheval cherche à vous contenter, mais il ne sait pas toujours ce que vous voulez.

Des écuries sombres et humides sont la cause de l'humeur morose et de plusieurs maladies.

Les chevaux ont besoin d'une variété d'aliments tout autant que vous.

L'exagération de la surcharge est une folie coûteuse et une grande cruauté.

Le graissage des essieux rapporte 100 °/₀ de profit.

Les bonnes couvertures pour le cheval sont profitables et économisent de la nourriture, si on sait s'en servir.

Il est cruel et sot de fouetter un cheval qui a peur.

Calmez-le par quelques bonnes paroles et quelques flatteries.

4° Remarques sur les chevaux a longs crins. — En ce monde, dit le professeur Schorro, il n'y a pas seulement la femme qui est capricieuse, mais aussi la mode. C'est ainsi qu'aux xviie et xviiie siècles on admirait, on s'extasiait devant un cheval de belle robe, devant un étalon à longue crinière et à longue queue. C'était dans ce temps quelque chose que l'on appréciait et qui faisait l'objet de nombreux efforts et sacrifices. On élevait et on sélectionnait dans ce but. Aujourd'hui les choses ont changé. On est devenu plus pratique. L'artistique est plus ou moins déprécié en élevage. Ces chevaux exigeaient beaucoup de travail. Il fallait les peigner, les laver, les brosser, les soigner comme une coiffure et le temps est précieux. Les Américains qui possèdent ces animaux promènent actuellement la tondeuse aux endroits où passait autrefois le peigne. Ils ont horreur de ce qui absorbe inutilement du temps. On coupe les crins, la crinière, le toupet à tous les chevaux, qu'ils soient de demi-sang ou d'autres races. Un égarement de mauvais goût sacrifie tout aux ciseaux. Et pourtant le proverbe dit : « Le trop et le trop peu gâtent tous les jeux. »

On ne voit donc plus en Amérique les chevaux à longues crinières. On les voit ailleurs. Il y a une dizaine d'années on en vit un à Berlin dont la crinière touchait le sol et encore un tout dernièrement. Le cheval dont nous parlons vient d'Amérique. Ses parents toutefois n'en sont pas originaires; ils y ont été importés de France et de Belgique.

Si la race s'est transformée, la modification est due aux pays, au climat, à l'air, aux plantes, etc. Ce beau spécimen originaire de l'Orégon, dans l'Amérique du

Nord, a une crinière de 2 m. 80 et les crins de la queue mesurent 3 mètres. Le cheval a une hauteur de 1 m. 65 et pèse 13 quintaux.

L'utilité d'une telle forêt de crins est, sans doute, contestable mais on ne saurait méconnaître la beauté merveilleuse que possède un animal si bien paré. »

Suivant le goût de l'acheteur, il choisira une bête avec plus ou moins de crins. C'est une question d'interprétation qui à notre avis n'influe guère sur les prix, à moins d'acheter, par pure curiosité, une bête douée largement de cette particularité.

5° Présentation a la vente. Ttromperies. — Faire attention à la disposition cachée des litières des écuries destinée à grandir le cheval ou à corriger des aplombs irréguliers — à l'attache à deux longes pour le cheval qui mord ses voisins — au dispositif placé sous le licol pour empêcher le cheval de tiquer — à l'exercice préalable quand le cheval a les épaules froides — à la marche en travers qui dissimule les aplombs défectueux.

Quand on attèle un cheval il est bon d'enrayer les roues pour voir le courage de la bête à la traction. Dans la descente ne pas mettre de mécanique pour voir si le cheval est courageux pour retenir la charge.

On enlève toutes les couvertures afin de mieux juger. Quelquefois la couverture est repliée en deux ou en trois pour couper un dessus long ou atténuer l'ensellement.

Voir les précautions que le garde d'écurie prend pour aborder l'animal et comment le cheval se conduit quand on l'approche.

S'assurer du bon état des veines jugulaires par refoulement du sang au moyen de la pression de la main.

Pendant qu'on attèle, voir les précautions qui sont prises.

Voir si l'animal est chatouilleux au moyen d'une baguette quelconque passée sur les pattes, les cuisses et sous le ventre. Ne pas prévenir l'animal, mais se méfier d'un coup de pied ou d'une ruade toujours possible. Bien voir si au moment de placer la croupière le garçon n'introduit pas un peu de gingembre dans l'anus en faisant signe de lisser la queue du cheval. Ne pas monter dans la voiture pour surveiller les allures et ensuite prendre soi-même les guides pour éprouver la sensibilité de la bête.

Faire partir la bête au pas. Voir si on a besoin de l'exciter pour lui faire activer la marche. On la fait trotter sur terrain dur, le plus dur sera le mieux, du pavé par exemple, doucement et après rapidement (1).

Le cheval mis en marche sera tenu au bout de sa longe afin qu'il puisse déployer tous ses moyens et

(1) Voir page 266 : Comment faire trotter.

aussi faire apprécier ses défauts. Bien des maquignons dissimulent la boiterie en se tenant du côté du membre taré tout en ayant la longe aussi courte que possible. Ils pourront guider l'animal parfaitement qui ne bronchera même pas, surtout s'il est sujet aux faux pas.

Si un cavalier monte la bête, voir s'il n'a pas de pointe au talon. Examiner avec soin les plaies produites dans le but de faire supposer un accident récent.

Si on n'est pas suffisamment expérimenté pour juger du premier coup, on fera retourner le cheval des deux côtés. Si on a des doutes sur un membre, faire tourner sur le membre plusieurs fois de suite avant de le remettre en ligne droite. Dans ces conditions, si peu que le membre soit malade, il fléchira au moment où il fera la tournée en supportant presque tout le poids du corps. Il est même recommandé, pour l'achat de n'importe quel cheval, de le faire aller pendant un certain temps au pas, puis au trot sur un cercle de petit diamètre. On fera de temps en temps tourner la bête.

Dans le chapitre où nous avons parlé des allures, nous avons indiqué ce qui est utile à considérer pour un bon déplacement du corps; nous insistons pour que les personnes insuffisamment au courant des particularités de l'animal en mouvement reconnaissent au moins si les temps des allures se font bien régulièrement. Ainsi, dans le pas ordinaire, on remarquera facilement si tous les pieds font entendre des sons semblables et si ces sons sont régulièrement espacés les uns des autres. Dans le trot, il n'y aura que deux battues rendant un son net espacées régulièrement. Le cheval faible ou fatigué ou usé trotte d'une façon plus ou moins molle. Le son provenant de la battue des deux pieds n'est pas un son net. C'est un bruit traîné, pas bien défini, résultant de la chute des pieds alternative au lieu d'être simultanée.

Ne pas se contenter de faire marcher ou trotter l'animal soumis à l'examen, ni même de le faire déplacer en ligne circulaire. On doit le faire avancer, puis reculer aussitôt une bonne course. Par ce petit moyen on verra si le cheval est bien libre dans tous ses mouvements, si les reins sont solides, si les jarrets sont souples et si le cheval n'est pas atteint d'immobilité, même partielle.

Il est facile de s'apercevoir, en regardant l'animal de profil, si les quatre membres parviennent à la même hauteur, s'ils se meuvent d'une façon symétrique, s'ils parviennent tous au point normal où ils doivent arriver, s'ils restent un temps égal sur le sol et surtout s'ils ne fléchissent pas au moment de leur appui sur le sol.

On dépouillera le cheval de toutes ses entraves, liens et tresses de paille dont les marchands l'affublent comme ornement ou comme moyen de *porter beau*. Nous avons vu que souvent ces moyens ne servent qu'à masquer les tares ou autres imperfections rendues difficiles à examiner et à apprécier.

On examinera convenablement chaque région sans se presser et sans se laisser détourner par l'article que fait le vendeur, le maquignon. On abordera le cheval en débutant par les pieds. De cette façon, on ne se laissera pas aller à ne voir que quelques beautés telles que : tête élégante, rondeur de la bête, etc., car, sans doute, on verrait bien ensuite des défauts, mais on les amoindrirait par quelques beautés souvent sans valeur au point de vue du service que l'animal peut rendre. C'est pour cette raison que, comme nous l'avons dit, Sanson recommandait de n'aborder un cheval que la tête baissée ou recouverte d'une casquette dont la visière serait bien rabattue sur les yeux de l'acheteur.

Nous ne reviendrons pas sur les défectuosités ou les beautés de chaque région. Le lecteur se reportera aux chapitres où ces descriptions sont faites en détail notamment pour ce qui concerne l'âge, l'animal en mouvement, les tares, les aplombs, etc. Mais nous résumerons en quelques lignes, avec les indications précieuses de M. Thierry, les défauts du cheval qu'il faut examiner pendant un certain temps pour s'en rendre bien compte :

6° Résumé des défauts spéciaux. — Chevaux qui laissent pendre leur langue — se frappent les lèvres, se frottent les lèvres ou la queue — déchirent leur couverture (disposer des punaises à dessins recouvertes au dos par une toile afin qu'elles ne tombent pas) — appuient un pied sur l'autre au repos — encensent — se couchent en vache — se délicolent, se roulent avec leurs harnais — trottent à l'écurie, grattent du pied — mangent la terre (tic) — avalent de l'air (on entend un rot prononcé par moments) — sont rétifs (caresses et friandises) — difficiles à approcher, à monter, à atteler — partent brusquement aussitôt attelés — difficiles à ferrer où à emboucher — sont mordeurs — se cabrent et frappent du devant — reculent (pour les guérir on les garnit de gros harnais et on les charge fortement à dos) — battent de la queue ou fouaillent (s'en méfier) — sont peureux, ombrageux — ont de l'aversion pour certaines personnes, bêtes, habits, couleurs — s'emportent, se secouent fréquemment — marchent de travers quand ils sont en limon — ne sont pas couronnés et n'ont pas de poils factices pour recouvrir ces régions — relèvent outre mesure leurs membres (ce qui indique, en dehors des yeux et des oreilles, que la bête doit être aveugle).

7° Appréciation rapide des aplombs et des proportions. — D'après Bourgelat, la longueur de la tête doit être comprise deux fois et demie dans la hauteur mesurée au garrot ou dans la longueur mesurée de l'angle de l'épaule à l'angle de la fesse.

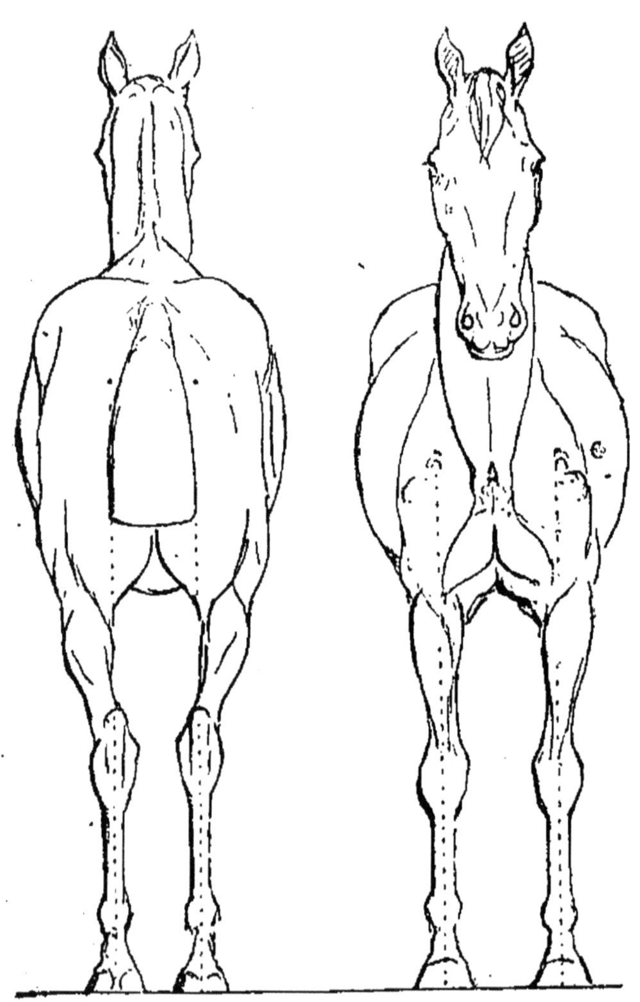

Fig. 51. — Aplombs réguliers

D'après le général Daumas on remarque pour un bon cheval quatre choses larges : front, poitrail, croupe et membres — 4 choses longues : encolure, rayons supérieurs, ventre et hanches — 4 choses courtes : reins, paturons, oreilles et queue.

On se souviendra de la loi du professeur Montané : Un cheval est bien d'aplomb lorsque l'arc directeur des membres est vertical et que le plan de suspension est horizontal ou sensiblement horizontal. Le cheval n'est donc plus d'aplomb lorsqu'une de ces conditions n'est pas réalisée (1).

Le cheval à poitrail large dont les membres sont écartés est *ouvert du devant*. Dans le cas inverse,

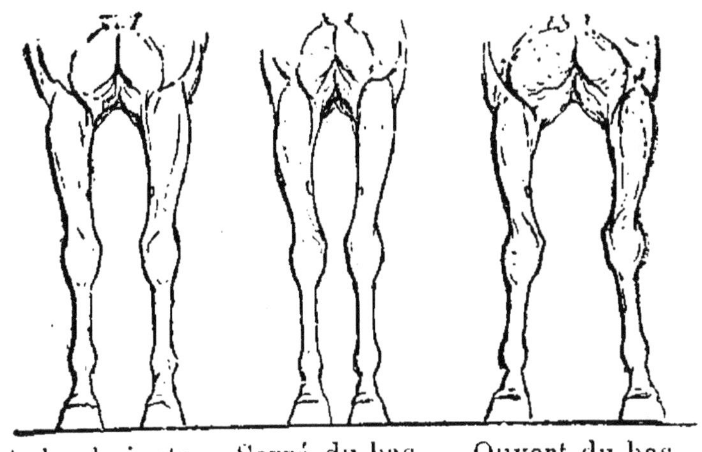

Aplomb juste. Serré du bas. Ouvert du bas.

Fig. 52

c'est-à-dire rapprochés, le cheval est *serré du devant*. Le membre peut se porter en dehors de la ligne verticale, le cheval est dit *ouvert du bas*. Le membre porté en sens opposé, c'est-à-dire en dedans de la verticale, le cheval est *serré du bas*. Le cheval serré

(1) Voir aussi page 99.

est naturellement exposé à se couper, à s'atteindre, mais s'il est ouvert du devant le défaut est plus dé-

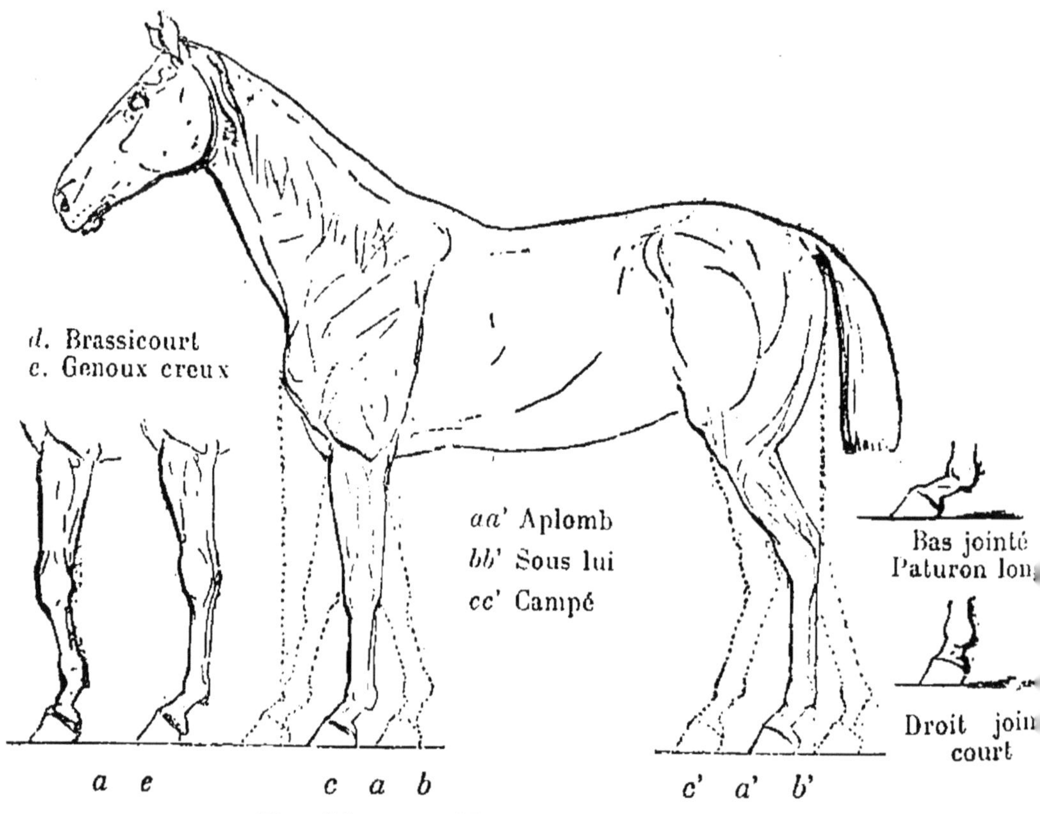

Fig. 53. — Défectuosités des aplombs.

fectueux parce qu'il indique un poitrail plus étroit. A la rigueur, dans le premier cas, si l'animal est tracteur simplement, s'il n'a pas à faire de route, il pourra être utilisé, mais l'animal serré du devant ne sera pas apte à de grands services.

Les membres antérieurs ne dépassent sensiblement la ligne d'aplomb, en avant, que par extrême fatigue et pour ainsi dire à l'état de maladie. Dans la position inclinée, le membre est dit *montrer le chemin de Saint-Jacques, pointer ou faire des armes.*

Pour bien apprécier les aplombs, il faut laisser la bête se mettre d'elle-même au repos et la tenir à bout de longe; c'est ce qu'on appelle *placer la bête.* Faire attention aux manœuvres des maquignons qui arrivent à bien placer n'importe quel cheval et assez facilement. On remarquera aussi au poser de l'animal si les pieds reposent bien sur un plan horizontal. Souvent des défauts d'aplomb sont évités par la disposition plus ou moins élevée ou abaissée des bipèdes antérieurs ou postérieurs, sur une petite butte ou un plan incliné, suivant les besoins. Les aplombs, quand le cheval est bien posé, sont d'un précieux secours et ne sont pas difficiles à apprécier pourvu que l'acheteur ait quelques notions ou plutôt quelque goût esthétique.

Se rappeler, que de deux animaux d'apparence égale, le plus lourd est le meilleur. Quand on peut se payer le luxe d'une bascule, il sera intéressant de peser le cheval. Les pesées donnent des bases certaines sur le maintien et la santé générale de la bête quand on sait apprécier les causes des variations des pesées.

8° Aspect du cheval malade. — Quand on sera dans l'impossibilité, par suite de circonstances spéciales, de conserver définitivement un cheval avant de l'avoir suffisamment mis à l'épreuve, il sera bo de s'attacher à l'examen de la bête d'une façon plu détaillée en se souvenant des manifestations exté rieures qui différencient le cheval sain du cheva malade.

Le cheval quelque peu malade est triste, mang peu, travaille sans énergie, sue au moindre effort conserve la tête baissée quand il est à l'écurie, or dirait qu'il s'appuie sur sa longe. La conjonctive qu englobe l'œil est rouge au lieu de conserver sa teint rosée si caractéristique. Les reins sont raides, peu flexibles, l'animal ne bouge pas quand on lui pinc la partie supérieure des reins ou, au contraire, il flé-chit brusquement. Le flanc est comme retroussé, la respiration est précipitée, les battements du pouls sont répétés et anormaux, le poil n'est plus brillant, le cheval est en fièvre. Il sera facile de prendre les variations du pouls et la température anale. En cas de différence dans le nombre de pulsations ou de changement de la température normale, aucun doute : le cheval est malade (1). La prudence conseille de ne pas acheter la bête dans les conditions spéciales où nous venons de nous placer. En tout cas, il faudra absolument connaître la cause du mal.

9° A PROPOS DU TROT : COMMENT FAIRE TROTTER UN CHEVAL. — Le lecteur sait maintenant l'importance

(1) Voir page 269 : Fonctions normales.

qu'il faut attacher au trottage du cheval. En quelques mots nous allons ici indiquer comment il faut s'y prendre pour bien faire trotter.

Ne pas tenir le cheval trop haut et trop court, et, pour éviter de se faire marcher sur les talons, ne pas courir en avant du cheval. Au contraire, courir à hauteur de l'épaule gauche de la bête, les rênes étant plutôt longues et séparées. Si elles n'étaient pas séparées, maintenir la rêne droite un peu plus courte que la gauche, afin que le cheval n'ait pas tendance à appuyer vers l'homme. Mais il peut arriver que le cheval veuille se jeter sur la gauche, ce qui devient dangereux pour l'homme et nuisible au bon mouvement de la bête en déplacement. Dans ce cas l'homme réunira les rênes et élèvera la main gauche. Immédiatement le cheval reprendra sa position normale. Quand il faudra faire faire demi-tour au cheval, toujours le tourner à droite, employer au besoin le geste, comme si le cheval voulait se jeter à gauche.

Il n'y a pas deux façons de présenter un cheval au point de vue des moyens de le conduire. La véritable manière c'est l'emploi du licol. La longe, fixée inférieurement à la muserolle, sera passée dans la bouche du cheval par le côté droit de la tête. L'extrémité de la longe se présentera à gauche et sera réunie à l'anneau de la muserolle, tout simplement.

Par cette façon d'emboucher le cheval il est évident

que la barre droite sera plus impressionnée que la barre gauche, c'est précisément le but qui est recherché. De cette façon également par un simple signe de la main le conducteur peut redresser le cheval s'il s'éloigne de lui.

10° À PROPOS DE L'ACHAT. — Nous rappellerons ici les recommandations faites par le comte de Montigny :

« Au moment d'entrer chez un marchand de chevaux, il faut, et c'est d'une réelle importance, savoir bien positivement le type de cheval que l'on veut trouver, et s'être déjà fixé le prix maximum que l'on veut y mettre. S'il en était autrement, on se trouverait, souvent sans s'en douter, entraîné hors de sa voie. Le marchand, n'ayant pas ce que vous rêvez, doit vous offrir ce qu'il a et chercher à vous disposer favorablement pour ce que vous ne vouliez pas. Si vous cédez, c'est un mécompte et une affaire à recommencer. Si, au contraire, vous rencontrez ce que vous cherchez, demeurez impassible et ne laissez pas voir votre impression. Cet excès de naturel pourrait vous coûter cher. Ne critiquez ni les imperfections ni les tares du cheval qu'on vous présente, fussent-elles très apparentes. Le marchand est dans son rôle de louer, même outre mesure, sa marchandise, et vous n'êtes pas dans le vôtre en la critiquant et en la dépréciant. L'acheteur capable, parfait gentleman, étudie l'animal à tous les points de vue, l'essaie s'il lui plaît, sinon le fait rentrer. Le tact du marchand de chevaux, habile dans ses transactions, consiste à juger promptement le savoir de son client, et ses dispositions sérieuses. Il voit immédiatement s'il est engoué de l'animal qu'il vient d'examiner et, d'après cela, règle ses exigences. L'adresse et la finesse du marchand n'ont rien de surprenant ni de blâmable ; c'est le commerce, à vous de vous défendre. Acheteur aujourd'hui, demain vous pouvez être vendeur et vous vous inspirerez de ce même marchand, pour revendre votre cheval le plus cher possible. »

11° Fonctions normales des équidés :

	JEUNE	ADULTE	VIEUX
Mouvements respiratoires...	14 à 15	9 à 10	8 à 9
Nombre de pulsations......	60 à 72	36 à 40	32 à 38
Température normale de 37°,5 à 38°			

CHAPITRE VI

CHOIX DES OVIDÉS (MOUTONS)

REMARQUES PRÉLIMINAIRES

Le choix rationnel des moutons offre une importance considérable pour le bon profit que toute ferme doit retirer de l'exploitation d'un troupeau. Quoique, en général, le nombre des moutons exploité en France diminue progressivement d'année en année, certaines régions tendent à conserver les mêmes unités, quelques-unes même, loin de rester stationnaires, augmentent sensiblement leurs troupeaux. Mais on peut dire que ces régions sont bien peu nombreuses.

La diminution de l'élevage général du mouton en France provient de différentes causes, notamment : 1° de la diminution du prix de la laine en suint, par suite de l'invasion étrangère ; 2° du développement de la culture intensive avec prairies artificielles et racines fourragères et de l'abandon des jachères ; 3° des labours de déchaumage effectués aussitôt après l'enlèvement des récoltes ; 4° de la difficulté de se procurer de bons bergers ; 5° de la substitution du mouton de boucherie au mouton élevé surtout en vue de la production de la laine ; 6° de la précocité des animaux abattus souvent à huit ou dix mois, ce qui permet de produire autant de viande avec des effectifs réduits ; 7° de la substitution du gros bétail (vaches laitières surtout) aux troupeaux.

Malgré ces raisons décisives, le mouton prospère dans les centres d'élevage où son exploitation rationnelle produit des bénéfices, on peut dire, considérables.

Pour tirer tout le profit d'une telle exploitation, le bon choix des individus s'impose. Nous allons établir les principales règles concernant ce bon choix et nous indiquerons, par la même occasion, les connaissances diverses se rapportant directement ou indirectement au choix proprement dit.

Le célèbre zootechnicien Sanson écrivait :

« Les bases de la sélection, ici, comme pour les Bovidés, sont dans l'aptitude à remplir les fonctions économiques, et nullement ailleurs.

Le plus bel animal, dans chacune des races et dans chacune des variétés de sa race, est celui qui est capable de fournir à la fois la plus forte proportion de viande réputée de la première catégorie et la plus forte quantité de la laine la plus estimée dans le commerce.

Ce sont donc les habitudes du commerce qui font loi. Ce ne peut être utilement une esthétique quelconque, ou des conventions artificielles comme celles que l'on rencontre encore dans les traités, même les plus récents, sur les formes comparées des animaux.

Il n'y a nullement lieu de distinguer, comme on l'a fait jusqu'à présent, entre le « mouton à viande » et le « mouton à laine » sous le rapport des formes corporelles. La distinction, en pareil cas, n'a rien de pratique, par la raison qu'en réalité tout mouton doit être à la fois exploité pour sa laine et pour sa viande, comme nous l'avons établi. Elle est en outre une complication plus que superflue, dont les inconvénients frapperont tout esprit attentif, à la simple lecture des ouvrages où elle est adoptée.

On va voir que, sur ce sujet, la science simplifie le problème posé à la pratique et qu'une foule de notions empiriques peuvent être sans inconvénient laissées de côté. L'objet de la production ovine est d'obtenir des individus chez lesquels les parties non comestibles ou d'une faible valeur commerciale soient réduites au minimum, au bénéfice de celles qui sont les plus estimées dans le commerce de la boucherie. Il faut aussi, en même temps, que les toisons de ces individus soient les plus lourdes, eu égard à la variété considérée. En d'autres termes, il s'agit de porter au maximum le rendement ou le poids net individuel en viande comestible, c'est-à-dire le poids utile.

On sait que cela se réalise chez les sujets dont le squelette est réduit aux plus faibles proportions,

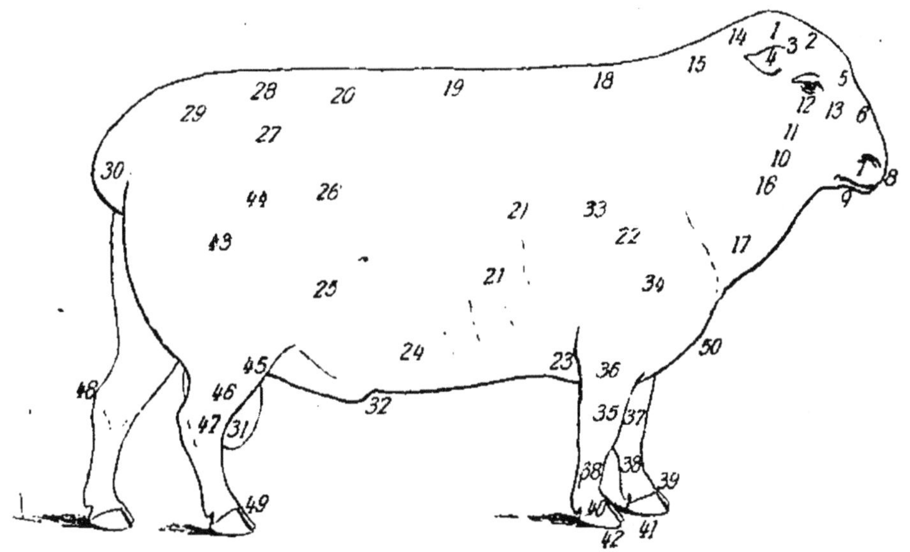

Fig. 54. — Schéma descriptif des ovidés.

avec le poids vif le plus élevé, et qui ont conséquemment le corps le plus ample et le plus long, sur les membres les moins longs, avec la tête la plus fine et le cou le plus court. »

DÉNOMINATION DES PRINCIPALES RÉGIONS DES OVIDÉS.

1. Chignon.
2. Sommet du front ou coussinet.
3. Place des cornes.
4. Oreilles.
5. Front.
6. Dos du nez ou chanfrein.
7. Narines.

8. Lèvre supérieure.
9. Lèvre inférieure et menton.
10. Gorge.
11. Joues.
12. Œil et paupières.
13. Larmier.
14. Occiput ou nuque.
15. Région cervicale.
16. Gosier.
17. Cou proprement dit.
18. Garrot.
19. Dos.
20. Reins ou région lombaire.
21. Thorax.
22-23. Poitrine.
24-25. Abdomen.
26. Hanche.
27. Région iliaque.
28. Région sacrée.
29. Croupe.
30. Queue.
31. Bourses.
32. Orifice du fourreau.
33. Epaule.
34. Articulation du bras ou contre-cœur.
35. Bras.
36. Angle du bras.
37. Genou antérieur.
38. Canon.
39. Boulet.
40. Pâturon.
41. Sabot.
42. Pince du sabot.
43. Gigot ou cuissot.
44. Articulation de la hanche.
45. Genou postérieur.
46. Jambe arrière.
47. Jarret.
48. Pointe du jarret.
49. Couronne.
50. Fanon.

CHOIX DÉTAILLÉ PROPREMENT DIT

Ces remarques préliminaires étant exposées, nous allons passer en revue les différentes particularités que l'observateur devra considérer.

Rechercher le squelette réduit, un corps trapu et arrondi.

Tête fine et petite. La tête longue et plate dénote en général un thorax peu développé, les membres seront alors certainement élevés. Rechercher la tête conique, plutôt courte à front large. Le nez du mâle est ordinairement plus arrondi que celui de la femelle. Oreilles minces, transparentes et peu garnies de laine. Un chanfrein busqué, étroit, des naseaux peu ouverts dénotent un poitrail étroit, des membres rapprochés, ce qui du reste est facile à constater.

La lèvre supérieure est mince et divisée en deux parties par un sillon qui en permet le relèvement. La lèvre inférieure, qui dépasse souvent la lèvre supérieure, est munie de poils ou d'une houppe plus ou moins développée. C'est cette disposition spéciale des lèvres du mouton qui lui permet de tondre l'herbe très près du sol; elle est pincée et coupée par arrachement, et la langue ne joue pas ici, comme chez le bœuf, le rôle de la préhension. (Guéraud de Laharpe.)

Le cou, long, plat et grêle, découle d'une mauvaise conformation du tronc. Le cou de cygne est assez apprécié chez le mâle. Bakewell s'exprime ainsi : Je recherche le cou de cygne de sorte que l'animal laisse tomber ses larmes sur sa poitrine. Le cou s'unira aux épaules par une ligne courbe presque droite.

Si dans l'auge se rencontre un œdème spécial dit bouteille, la bête sera dans un mauvais état de santé et sera atteinte de cachexie avancée.

La présence des cornes frontales dénote un état peu amélioré de la race. Se rappeler que la castration de l'agneau empêche l'élongation des cornes quand, au contraire, chez les bovins, la castration prédispose à la poussée de la corne. Chez le mâle, on apprécie les cornes frontales suivant les exigences de chaque race.

Les formes et les dimensions des cornes sont très

Fig. 55. — Mouton à cornes. Race des Pyrénées.

variables chez les ovins. Elles sont toujours plus ou moins contournées. Chez le mérinos elles présentent des volutes serrées, et leur surface est couverte de stries serrées comme les zigzags de sa laine. (Guéraud de Laharpe.)

L'œil sera doux avec un regard assuré. L'examen

détaillé de l'œil offre une importance de 1er ordre. Il faudra toujours examiner l'œil d'une façon complète ; nous allons donner ici les bases de cette appréciation.

Pour apprécier l'œil du jeune et du petit mouton, suivant l'expression adoptée, on *enfourche* la bête, Voici comment, d'après Daubenton : « Le berger enfourche le mouton, comme s'il voulait monter à cheval dessus. Il empoigne la tête avec les deux mains, il relève, avec le pouce de la main droite, si c'est l'œil gauche, la paupière du dessus de l'œil, et avec le pouce de l'autre main il abaisse la paupière du dessous. Alors il regarde les veines du blanc de l'œil ; si elles sont bien apparentes, s'il les voit d'un rouge vif et si les chairs qui sont au coin de l'œil, du côté du nez, ont aussi une belle couleur rouge, c'est un signe que l'animal est en bonne santé. »

Pour les moutons de grande taille, la position d'exploration change un peu. L'examinateur se place à droite de la bête, lui appuie le cou contre ses cuisses de façon à l'y maintenir en se servant du bras gauche simplement. Avec le pouce de la main gauche, il presse doucement la paupière inférieure de bas en haut. Le pouce de la main droite sera appliqué sur le bord de la paupière supérieure afin de la relever pour l'éloigner de la paupière inférieure tout en pressant légèrement de bas en haut le globe de l'œil.

Si la conjonctive est blanche. l'œil est *gras*, le mouton est *taré*, *gâté.* Quand elle est rose avec des vaisseaux bien apparents l'animal est *sain.* Mais il faut absolument que l'observateur examine la conjonctive et ne se borne pas simplement à écarter, l'une de l'autre, les deux paupières.

Le mouton est *cassé* ou *foulé* quand la sclérotique de l'œil est bleuâtre. La coloration de l'œil est plus accentuée pendant l'été que pendant les autres saisons. Le mouton est aussi moins fort, il a moins de sang. Il va de soi que, chez le mouton pas sain, ces variations sont encore plus sensibles.

Quand le mouton à trop de sang, *il est brûlé.* Mais le mouton qui n'est pas sain conserve l'œil décoloré et pâle également pendant l'été et les époques de sécheresse. C'est à ce moment surtout que les fraudeurs de troupeaux modifient à leur guise la couleur de l'œil par le procédé suivant.

Le jour de la foire, c'est-à-dire le jour de la vente des moutons non sains ou gâtés, les ordres sont donnés aux conducteurs pour conduire les moutons par des routes poussiéreuses au moment le plus chaud de la journée.

Les yeux, sous l'influence de ces deux facteurs, sont irrités et rougissent. La tromperie est ainsi consommée. Il est vrai que l'œil est en général troublé par des larmes, mais ces dernières sont attribuées précisément à la chaleur et aux poussières des routes ou au vent.

Ces fraudes sont difficiles à éviter et à reconnaître. Il en est de même de celles provenant de l'irritation sanguine causée par l'introduction, dans l'œil, de la poudre ou du tabac fin à priser.

Par l'exploration de la bouche ouverte, comme nous l'avons indiqué à propos de l'âge du mouton, page 72, l'acheteur pourra apprécier la coloration de la muqueuse buccale, ce qui lui donnera une appréciation de plus en faveur du bon ou du mauvais état général du sujet.

Pour tous ces maniements, il faut se placer dans des endroits bien éclairés. Dans le cas où on serait obligé de déplacer le mouton pour le pousser vers un lieu moins sombre, on emploiera le procédé classique suivant: Saisir d'une main une jambe de derrière de l'animal et avec la main opposée prendre un point d'appui sur la poitrine en se servant d'une poignée de laine. Il sera alors très facile de pousser le sujet vers l'endroit choisi sans effrayer les autres moutons. Si l'animal ne voulait ni avancer ni reculer, et se couchait, on saisit dans ce cas un pied postérieur avec la main et on appuie avec force le bout du pouce sur le paturon et à sa face postérieure. La douleur ainsi causée à l'animal le fera obéir à la poussée qui lui sera imprimée dans le but de le déplacer en lieu favorable.

Le garrot ne sera pas saillant, mais arrondi et suffisamment épais.

Le dos ne sera pas ensellé, ni en dos de carpe ou de mulet, c'est-à-dire concave.

Les vertèbres saillantes marquent un amaigrissement général prononcé, par suite, une qualité très faible pour l'engraissement.

Reins larges et courts bien en chair, leur ligne médiane sera effacée, c'est-à-dire noyée dans les masses formées par les muscles. Ils seront bien résistants à la pression. Croupe droite, saillie de la pointe des fesses peu accentuée. Le poitrail sera large.

La bête ne sera pas sanglée, c'est-à-dire que le périmètre thoracique en arrière des coudes sera grand, ce qui résultera du plus ou moins de rondeur des côtes.

Ventre cylindrique sans ampleur exagérée, surtout pour le mâle. Le ventre tombant enselle le dos de l'animal et les muscles sont peu fournis.

Le flanc ne sera pas creux. L'examen attentif de cette région éclaire l'acheteur sur le bon état des régions pulmonaires. Pour cela, il faut que le flanc n'accuse pas des mouvements saccadés plus ou moins réguliers et espacés.

Chez le mouton de boucherie surtout, rechercher l'épaule charnue et épaisse.

Avant-bras descendus suffisamment et bien musclés.

Articulation du genou large, moulée, presque droite et sans à-coup.

Cuisses larges, bien en chair, bien descendues de

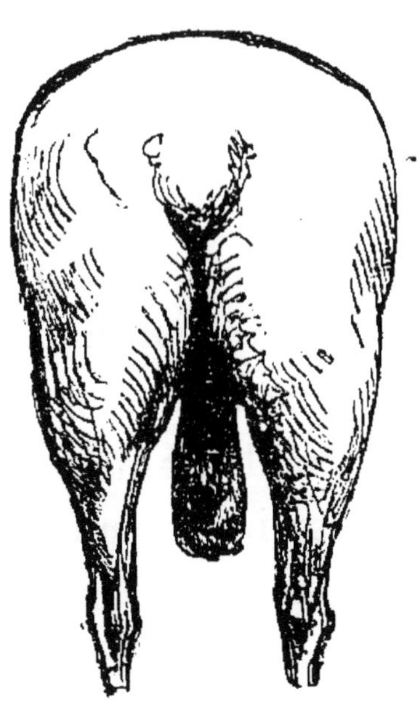

Fig. 56. — Gigot mince ou étriqué.

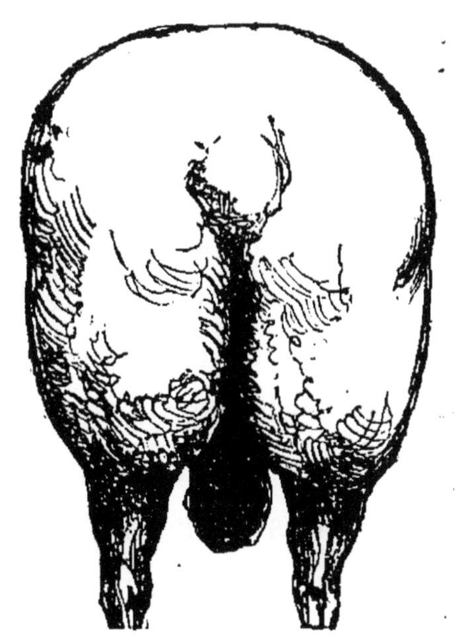

Fig. 57. — Gigot épais ou bien développé.

façon à ce que leur contact soit le plus étendu possible et que leur séparation ne se fasse que le plus près du sol possible. On sait combien l'ampleur des cuisses est considérable pour la valeur de la bête par ce qu'elles déterminent l'ampleur de la partie dénommée en boucherie : gigot.

« Les bouchers, écrit M. Diffloth, attachent une importance particulière à la conformation des gigots ce caractère particulier est indépendant de la bonne conformation générale, des sujets à base de sustentation convenable peuvent avoir des gigots plats. La mesure de la distance de l'anus au point de jonction des deux cuisses donne une idée exacte du volume des gigots : si cette distance est faible, le mouton est haut fendu, la cuisse est plate, le gigot mince. Si cette longueur est grande, l'animal présente des gigots dodus, ronds et bien modelés. La réalisation de ces conditions, en augmentant la surface du corps ordinairement couverte de laine, permet d'obtenir le plus fort poids de toison qu'il importe de sélectionner ensuite vers la production de la laine de meilleure qualité. »

Un jarret bien constitué est nécessaire au mouton qui a des parcours plus ou moins longs à franchir. En saisissant l'animal au-dessus de l'articulation du jarret on constate la vigueur et la santé du sujet suivant le plus ou moins de force employée par la bête pour échapper à l'étreinte.

Par ce maniement on a en outre une idée assez exacte de l'embonpoint et de la santé de tout le troupeau. Quand l'animal s'acharne à échapper à l'étreinte, il est dit *sain*. S'il fait peu ou pas d'efforts, il *n'est pas sain*, il *est gâté*, il *est foulé*. On élargira alors l'examen de la bête par l'examen attentif

Fig. 58. — Type de race bien améliorée : Southdown perfectionné.

de l'œil et de la bouche, comme cela a été indiqué plus haut.

En général, la jambe courte est recherchée pour l'animal destiné à la boucherie. Mais il faut se souvenir que, dans le cas où l'animal doit franchir de grands parcours ou doit *transhumer*, les jambes un peu longues seront bonnes en ce qu'elles facilitent le déplacement normal de la bête mais, bien entendu, éviter les membres grêles, sans muscles ou encore empâtés. Qu'ils ne soient pas trop enlevés.

Pour les bêtes reproductrices, bien examiner les parties sexuelles afin de se rendre compte si ces parties peuvent remplir convenablement leurs fonctions.

Avant d'acheter un bélier voir s'il est vigoureux et ardent, deux qualités indispensables; bourses et testicules sains et bien développés.

Un reproducteur bien conformé aura le train de devant de la même dimension en largeur que le train d'arrière. Les jambes de derrière seront donc situées dans le même plan vertical que les jambes antérieures. Par cette conformation, la poitrine sera bien ample et les gigots bien charnus seront épais.

S'assurer au besoin que le mouton est bien castré, qu'il n'a pas de hernie. Dans le cas où il est besoin de maintenir en place l'animal, l'observateur emploiera le moyen de contention ordinaire qui consiste simplement à saisir et serrer la jambe au-dessus du jarret.

Chez les femelles, bien vérifier la position des mamelons, apprécier les qualités de la mamelle : volume, souplesse, plis formés en arrière, présence de trayons supplémentaires, écartement des tétines.

S'assurer de la fécondité et se rappeler que les parturitions gémellaires sont le plus souvent héréditaires.

« Les mamelles de la femelle qui n'a pas eu encore de gestation, écrit Sanson, peuvent être appréciées, quant à leur étendue probable, par l'écartement des mamelons ; chez les autres, leur volume et leur souplesse, ainsi que les plis de la peau, indiquent leur activité, dont l'importance n'est pas moindre ici que partout ailleurs pour la fonction maternelle. La présence de quatre mamelons est toujours un bon signe. »

DIVERS

La base de sustentation du corps, représentée par la figure faite par les quatre pieds reliés par des lignes droites, sera un rectangle. Qu'elle ne forme surtout pas de trapèze.

La conformation rectangle sera d'autant meilleure que les petits côtés seront plus longs par rapport aux grands côtés.

Les petits côtés ne seront pas inférieurs au tiers des grands.

Choisir une peau épaisse, mais bien souple sous les doigts. On la juge mieux au ventre et aux aines que dans d'autres régions.

Ne pas perdre de vue l'état de santé (1) et ne pas conserver les animaux atteints de piétin, de clavelée, de la cocotte et autres maladies de même genre, car les animaux ne s'engraisseront que très difficilement. Ne pas engraisser des tempéraments trop vifs, des bêtes âgées, au contraire, choisir des moutons encore jeunes et d'un caractère doux.

Dans les conditions économiques présentes, il est avéré que c'est le mouton gras d'un poids moyen variant de 40 à 45 kilogrammes, encore jeune, qui donne les meilleurs résultats en tant que bénéfices retirés de l'exploitation des ovidés.

Or, les qualités de la viande du mouton dépendant de sa maturité, il est donc nécessaire de n'engraisser que des moutons adultes ou ceux qui sont près d'atteindre cette période. Sans cela la chair n'est ni celle de l'agneau gris, ni celle du mouton, elle est intermédiaire et n'est que faiblement prisée par les acheteurs et les consommateurs.

Par suite des exigences de la nature, on sait que les moutons pas encore à l'état d'adultes prennent une partie des aliments pour terminer leur développe-

(1) Voir page 293 : fonctions normales.

nent parfait. Ces animaux sont plus longs à engraisser, ils augmentent surtout en poids brut et non pas en qualité. Pour la bonne production de l'engraissement, il convient, en résumé, de choisir une bouche fraîche, c'est-à-dire celle dont l'évolution des dents de remplacement sera complète.

Quant à l'aptitude individuelle à l'engraissement, on peut l'apprécier avec une certaine assurance de la manière suivante : palper l'épaisseur du garrot, la largeur des lombes à la hauteur des épaules ; les moutons dont le garrot sera étroit et saillant seront invariablement pas en chair, ils seront maigres plus ou moins et l'observateur sentira aussitôt, sous la peau, les lombes.

En second lieu, manier la peau, qui donnera des signes caractéristiques :

Si, en essayant de détacher la peau des tissus sous-jacents, la peau semble adhérente, difficile à plisser, le sujet est *dur* et l'engraissement sera difficile ou tout au moins long. Au contraire, si la peau se plisse aisément, quoique épaisse, le sujet est *tendre* et l'engraissement sera facile. Cette appréciation se fait à la base de la queue de préférence.

L'inspection d'un troupeau sur un champ de foire, à la bergerie, ou au parc, peut donner des renseignement de toute utilité. En très peu de temps un œil exercé appréciera l'uniformité de la grosseur des moutons et aussi leur grandeur. Le troupeau possédant ces deux qualités est dit *bien rayé*, dans le cas contraire, il est *brelin*. Les marchands qui savent faire valoir leur marchandise par tous moyens s'empressent de placer sur le champ de foire ou dans les bergeries les animaux de moindre taille sur les parties du terrain qui sont surélevées. Ou encore, ils placent sous les yeux de l'amateur, c'est-à-dire le plus près de lui, les animaux les plus jolis. C'est donc à l'amateur à ne pas se laisser prendre à ces petits tours de métier. Ne pas se laisser tromper par la coloration de la toison. En effet, dans certaines régions, les marchands de moutons n'hésitent pas, avant la vente, à asperger les toisons d'une dissolution de suie. La toison prend une couleur analogue à celle qui résulte du séjour prolongé des moutons dans les étables ou dans les bergeries, couleur qui indique que les moutons sont en bon état pour leur préparation à la boucherie. L'observateur avisé découvrira aisément la tromperie qui peut être ruineuse par les prix élevés des bêtes présentées pour un état d'engraissement ou

Fig. 59. — Maniement de la peau.

une préparation de viande qu'elles sont loin d'atteindre.

CHOIX DE LA TOISON

La production de la toison chez les ovins se manifeste par deux genres de substances pileuses : *la laine* et *la jarre* ou poils grossiers.

La laine seule possède une valeur marchande. Mais comme dans la laine il y a plusieurs qualités, la toison sera d'autant plus appréciée que la laine de premier choix sera plus abondante. On recommande avec raison d'examiner la qualité de la toison non dans les régions de 1re qualité, mais dans celles, au contraire, de troisième qualité car si dans ces parties il n'est pas aperçu de jarre, c'est évidemment qu'il n'y en a nulle part ailleurs. Les marchands portent leur attention particulièrement à la base de la queue et en dessous et en second lieu à la face externe de la cuisse.

Parmi les qualités à rechercher dans la laine elle-même, il faut apprécier l'égalité dans la longueur des brins formant les mèches et le nombre de brins par unité de surface (ordinairement le millimètre carré).

La longueur des brins est très variable avec les races considérées ; elle peut mesurer de 4 à 30 centimètres.

La finesse des brins est un signe précieux ; pour

être parfaite elle devra accompagner une toison régulière, homogène et tassée.

Le brin ne doit pas rompre sous la moindre trac-

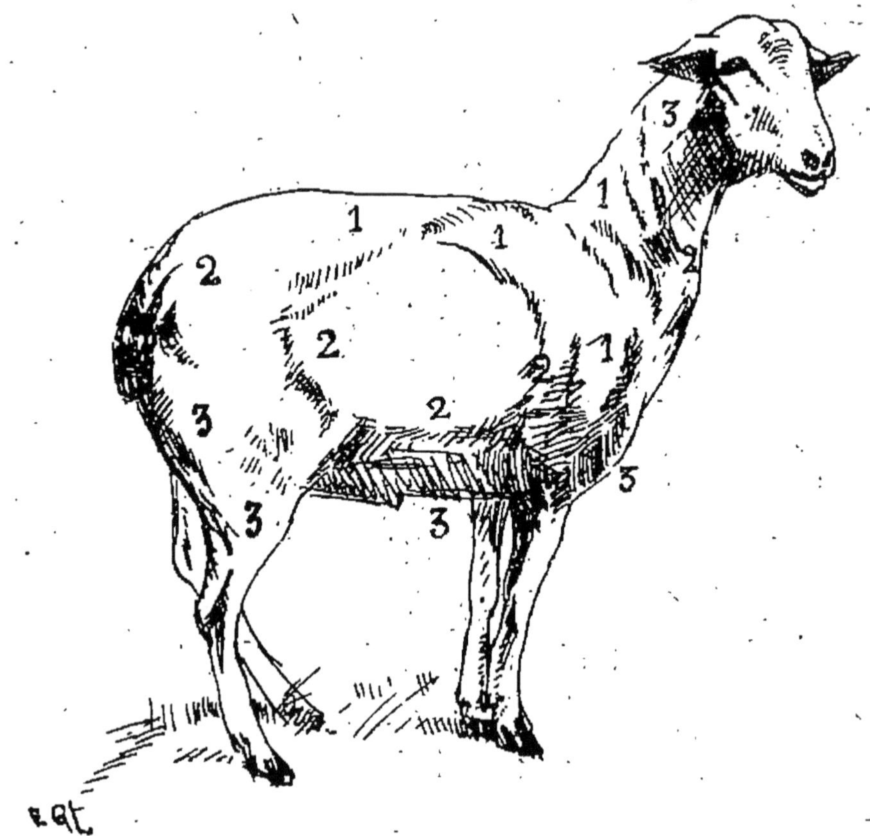

Fig. 60. — Détermination des qualités de la laine dans la toison.

tion ; on dit alors que *le brin manque de nerf,* il n'a pas de force ni d'élasticité.

Quant à la douceur de la laine, il est facile de s'en rendre compte par le toucher en employant le pouce et l'index. La laine est alors forte, nerveuse, élastique et laisse une sensation molle, huileuse. Plus le *suint*

Fig. 61. — Type à laine soyeuse : Mérinos de Mauchamp.

(produit secrété par les glandes sudoripares et les glandes grasses de la peau) est onctueux et abondant, plus cela donnera de résistance et de ténacité au brin. Les laines longues auront plus de valeur que les laines courtes, il en est de même pour les laines blanches ou blanchâtres qui obtiennent de plus grands prix que les laines plus ou moins foncées.

Aussi pour le choix d'un bélier bien voir si, à la face interne des lèvres, sur la langue ou sur tout autre point de l'intérieur de la bouche ou de la muqueuse buccale, il n'existe point de tache noire ou pigmentée, car il ne sera pas rare d'obtenir, par la reproduction de ce bélier, des toisons tachées malgré la pureté de la toison du procréateur.

Il peut arriver que les moutons soient soumis au parcage, bonne pratique agricole, mais mauvaise pratique zootechnique. En tout cas, il est prudent de ne pas soumettre au parcage sur les terres labourées les moutons dont on doit prochainement mettre en pratique l'exploitation de leur toison. Se rappeler aussi que les laines *lavées à dos* sont vendues de 50 à 55 o/o plus cher que les autres non lavées à dos et dites *laines en suint*. Le lavage ne fait perdre que de 30 à 40 o/o du poids de la toison non lavée.

L'examen sérieux de la toison doit se faire à l'aide d'instruments de précision, cela est incontestable. Mais ce moyen étant impraticable sur un champ de foire ou sur un marché, il faut se passer du secours de tout instrument. Nous allons indiquer comment on peut examiner une toison pratiquement d'après Larbalétrier et Villiers : « Pour examiner une laine, sans avoir recours à aucun instrument, on prend d'abord une mèche par la pointe, entre le pouce et l'index de la main gauche, on isole ensuite chaque brin avec les doigts de la main droite et on étend l'échantillon sur un papier bleu, enfin on compare afin d'établir le classement. Dans les concours régionaux, les foires, etc., on étale simplement les mèches sur la manche de son paletot, pourvu qu'il soit d'une couleur foncée qui puisse faire ressortir la blancheur du brin, et l'on juge assez exactement le mérite des toisons. »

Le poids de la toison étant très intéressant à connaître, même approximativement, au moment de l'achat on peut calculer la formule suivante proposée par le professeur Baron pour les mérinos :

$$\text{Poids de la toison} = \frac{1}{2}\sqrt[3]{(\text{Poids du corps})^2}$$

Fonctions normales des Ovidés :

	JEUNE	ADULTE	VIEUX
Mouvements respiratoires...	15 à 18	12 à 15	9 à 12
Nombre de pulsations......	85 à 95	70 à 80	55 à 60
Température normale de 39° à 40°			

CHAPITRE VII

CHOIX DES SUIDÉS (PORCS)

PRÉLIMINAIRES

Les porcs se rencontrent dans toutes les fermes. Leur nombre est considérable en France comme à l'étranger. Il ne faut pas croire, contrairement à ce qui se passe bien souvent, que le choix judicieux des porcs soit moins nécessaire que le choix des autres animaux de la ferme. Quoique ces animaux aient atteint ces derniers temps un degré élevé de perfectionnement et de précocité, le choix, la sélection des individus s'impose toujours et est surtout indiqué pour les personnes qui n'ont pas encore eu recours et suivi les données rationnelles se rapportant au choix proprement dit de chaque individu. Or, les frais occasionnés par l'élevage et la mise en valeur des porcs étant les mêmes pour un animal bâtard, commun, de 80 francs par exemple, que pour celui d'un animal perfectionné d'une valeur beaucoup plus considérable, il va de soi que la logique enseigne de choisir convenablement ses sujets de façon à tirer

Fig. 62. — Type de race Craonnaise.

le maximum de produit avec les mêmes frais réduits à leur minimum.

Comme l'écrit M. Mallèvre, « le porc est essentiellement un animal comestible. Sa dépouille fournit à la consommation d'une part de la chair ou viande, c'est-à-dire du muscle plus ou moins imprégné de matières grasses ; d'autre part, de la graisse (lard, saindoux). Or deux choses sont capitales pour la qualité du porc ou des produits qu'on en tire : 1° les proportions relatives de chair et de graisse ; 2° la nature ou les caractères de la graisse ». Par l'alimentation et aussi par la sélection des individus on peut obtenir ces exigences. Nous allons dire comment on doit choisir les suidés dont le rôle se résume en dernier lieu à la vocation neutre : la boucherie, autrement dit l'engraissement.

DÉNOMINATION DES PRINCIPALES RÉGIONS DES SUIDÉS.

1. Groin.
2. Crête du Nez.
3. Lèvre supérieure.
4. Menton.
5. Œil.
6. Oreilles.
7. Joues.
8. Nuque.
9. Fin de Nuque.
10. Cou.
11. Gorge.
12. Garrot.
13 Dos.
14. Reins.
15. Région coccygienne. ou croupe.
16. Queue.
17. Toupillon.
18. Flanc.
19. Hanche.
20. Ventre ou abdomen.
21. Poitrine.
22. Epaule.
23. Articulation de l'épaule et bras.
24. Coude.
25. Avant-bras.
26. Genou antérieur.
27. Métacarpe.
28. Boulet.
29. Phalange-couronne.
30. Sabots.
31. Articulation de la hanche.

32. Cuisse.
33. Genou postérieur.
34. Jambe.
35. Talon.
36. Articulation tibio-tarsienne.
37. Métatarse.
38. Doigts.
39. Sabots.
40. Doigts postérieurs rudimentaires.
41. Côtes.

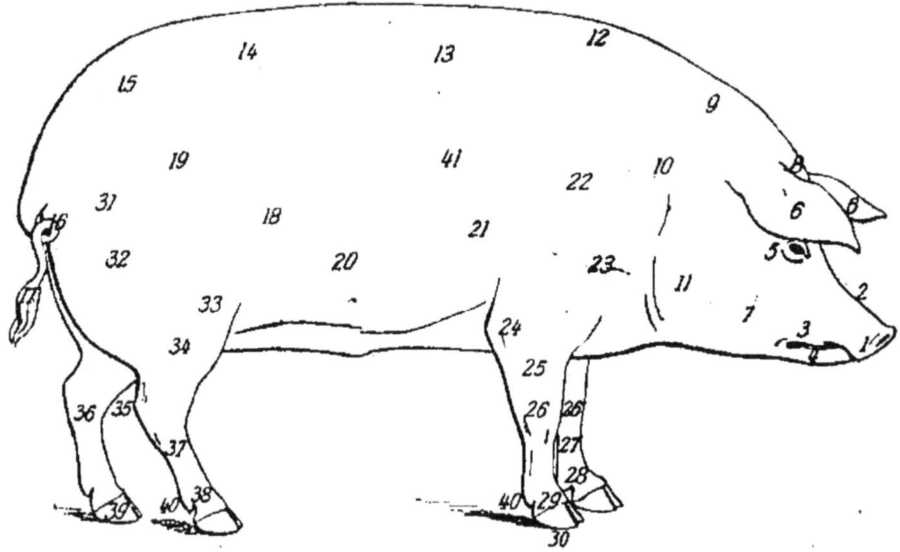

Fig. 63. — Schéma descriptif des suidés.

CHOIX PROPREMENT DIT

Tête plutôt petite, groin large bien développé, oreilles courtes, cou épais et court, joues fortes et pendantes, corps cylindrique, taille petite, membres courts, peu volumineux. Soies peu fournies, blanches ou roses, en général d'une seule couleur, mais très fines, brillantes, difficiles à arracher. Œil vif.

Dans le choix du porc il y a lieu de rechercher toutes les qualités pouvant donner un rendement maximum.

La réduction des proportions, du volume de la

tête est l'indice certain d'un petit squelette par rapport à la masse. Les sujets les plus précoces, ceux précisément qui sont les plus recherchés, ont toujours une tête relativement réduite.

« La sélection du mâle ou verrat, écrit le professeur Sanson, exige l'examen attentif des organes sexuels. Dans les variétés précoces, les testicules subissent fréquemment des malformations, allant souvent jusqu'à la cryptorchidie. Il ne faut donc pas négliger d'explorer la région des bourses pour y constater leur présence en bon état. Le sujet seulement monorchide doit être rejeté, pour la raison qu'il a de fortes chances d'engendrer des cryptorchides et d'être au moins peu prolifique.

Même avec leurs deux testicules en apparence normaux, bon nombre de mâles de ces mêmes variétés ne montrent que peu ou point de propension à l'accouplement.

Avant donc de les accepter comme reproducteurs, il convient toujours de les mettre à l'épreuve. En outre, parmi ceux qui se montrent disposés à s'accoupler, bon nombre sont inféconds. Leur infécondité est ordinairement la conséquence d'une propension excessive à l'engraissement due à la mollesse du tempérament. Il convient de rester à cet égard, pour les verrats, dans les limites modérées, afin qu'ils puissent sûrement remplir leur fonction.

La qualité essentielle de la truie, après celle de la fécondité, qui ne peut être jugée que par l'expérience, mais qui est encore plus que chez le verrat influencée par l'aptitude excessive à l'engraissement, est celle de pouvoir bien allaiter ses jeunes. Elle doit avoir pour cela des mamelles en nombre suffisant et bien développées. Leur nombre normal est, comme on sait, variable selon les espèces.

Comme elles sont à la fois inguinales, abdominales et pectorales, ce nombre dépend de la longueur relative du corps. Nous en avons vu jusqu'à neuf paires chez des truies celtiques. Chez les ibériques pures ou croisées, il descend jusqu'à cinq paires. Dans tous les cas, plus il est grand, mieux cela vaût. La truie pourvue de douze mamelles doit être préférée à celle qui n'en a que dix, et à plus forte raison celle qui en a quatorze et au-dessus.

Il faut réformer sans hésitation les truies qui ne laissent pas volontiers têter leurs gorets, celles qui en étouffent sous elles et surtout celles qui, étant voraces, montrent de la propension à les manger à mesure qu'ils naissent. »

Donc, pour le verrat, le choisir dans une race aussi fixe et aussi ancienne que possible. Le bien nourrir et pour éviter l'obésité lui faire prendre de l'exercice tous les jours.

Quoiqu'il arrive parfois que, malgré le peu d'apparence des testicules, le verrat est fécond de même que s'il ne possède qu'un testicule il peut être bon reproducteur, on devra n'acheter un verrat que si la conformation des organes de la reproduction sont bien développés et en parfait état.

Plus les races sont précoces et affinées, plus les mâles ont l'instinct génésique atrophié. Il est recommandé de choisir un verrat vif, pas trop gras et dont on connaît les manifestations de son ardeur. Son corps sera soutenu par des membres suffisamment solides pour que la saute puisse s'exécuter sans la ruine de ses membres, ce qui compromettrait petit à petit la bonne exécution de la saute.

Pour la truie les qualités principales sont, en résumé, les suivantes :

Bassin large, abdomen très ample, mamelles nombreuses (12 au moins) bien développées pour qu'elles ne semblent point hors du corps, elles seront bien pleines. Ces deux dernières qualités sont indispensables pour la production uniforme du lait dans toutes les parties des mamelles. La mauvaise conformation des mamelles se transmet toujours par hérédité. Bien voir si la truie portière n'est pas sourde, car elle est exposée à écraser ses petits qu'elle n'entend pas. Ce défaut est assez commun.

Pour tous les suidés, pour l'élevage comme pour l'engraissement, rechercher la bonne conformation.

la bonne santé, éviter les maigreurs extrêmes et les

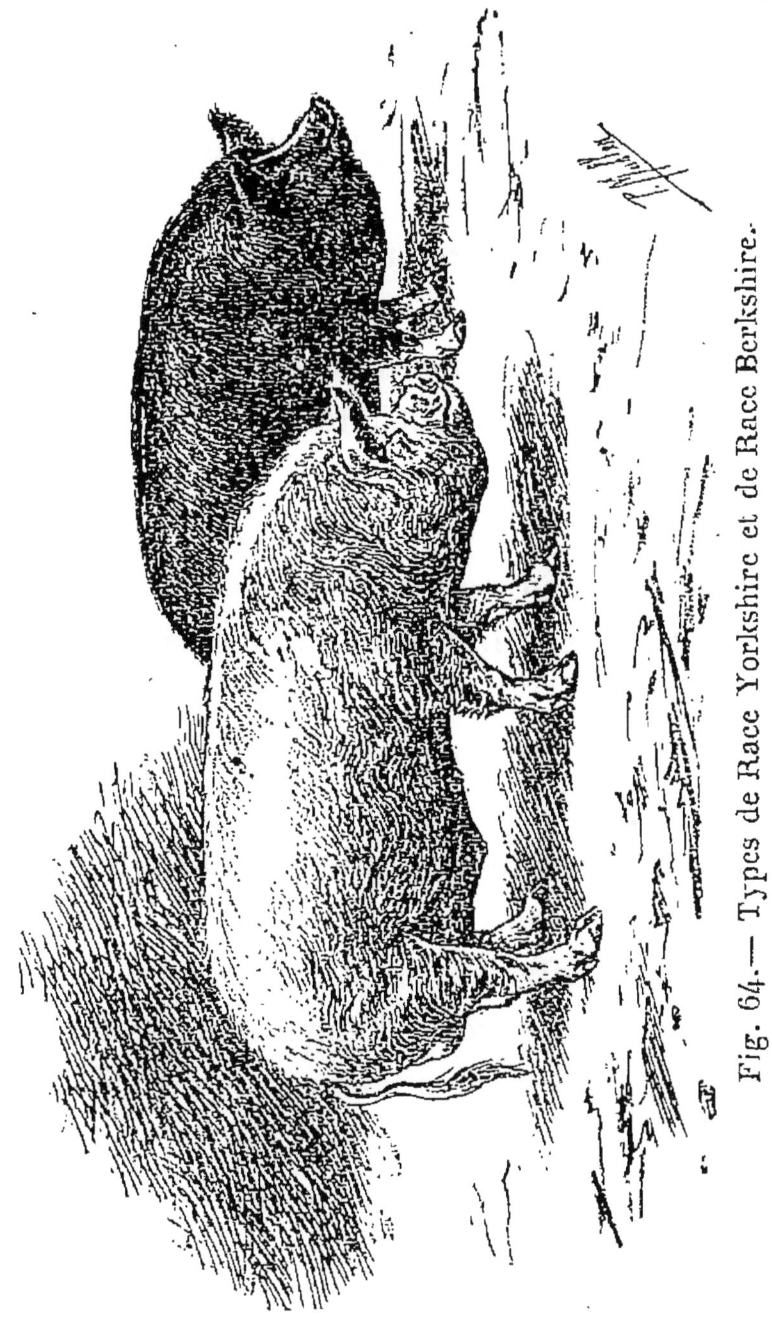

Fig. 64. — Types de Race Yorkshire et de Race Berkshire.

marches incertaines, les physionomies abattues, les oreilles et les queues coupées qui sont autant d'indices sur le peu de valeur de la santé générale de la bête. Un ventre tombant annonce beaucoup de graisse à l'épiploon et autour des reins. Le lard sera mou quand les chairs seront flasques, molles, vers la partie des côtes.

On comptera les battements du pouls et leur force. On sait que le pouls est un des plus précieux indicateurs de la santé, il donnera normalement de 70 à 80 pulsations à la minute. On tâte le pouls chez le porc soit du côté gauche de la bête à l'endroit du cœur, soit à l'artère radiale rencontrée dans le sillon situé au-dessus du genou, soit aussi à l'artère fémorale, artère qui traverse l'intérieur de la cuisse dans une direction oblique (1).

« Les animaux très maigres, dit M. J. M. Fontan, le savant vétérinaire départemental, ceux dont la peau est sale et croûteuse, qui perdent leurs soies ou qui toussent, sont souvent atteints de maladies internes et digèrent difficilement. De même les porcs qui souffrent de rhumatismes, d'engorgements des membres ou de maladies articulaires sont difficiles à engraisser.

Les porcs, mâles ou femelles, que l'on veut engraisser doivent être châtrés.

Cette opération doit se faire au moins à trois ans pour les verrats, comme pour les truies qui ont eu

(1) Voir page 310 : fonctions normales.

plusieurs portées. D'ailleurs la viande de ces verrats, pas plus que celle des vieilles truies mères ne vaut jamais la viande des animaux qui ont été châtrés jeunes, c'est-à-dire avant d'avoir été livrés à la reproduction. C'est pour cette raison que, dans certaines régions, on châtre les jeunes femelles en même temps que les gorets mâles, vers l'âge de 3 à quatre mois ; ainsi opérées, elles se vendent un prix plus élevé.

C'est aussi pour le même motif que l'on trouve parfois, dans les foires et marchés, des truies sur lesquelles on a simulé la castration par une incision au flanc gauche. Certains propriétaires, de mauvaise foi, trouvent des hongreurs peu scrupuleux qui, moyennant rétribution se livrent sans vergogne à cette pratique dolosive. La bête est menée au marché. Et quelques jours après, à l'ébahissement du nouveau propriétaire, la truie entre en chaleur. Pendant cette période d'excitation qui se renouvelle assez souvent, la bête mange peu, de sorte que l'engraissement est long et toujours incomplet.

On doit, autant que possible, se mettre en garde contre cette fraude, et exiger si l'on a des doutes, une garantie écrite. »

Par l'engraissement des porcs âgés, on obtient plus de graisse sous-cutanée, c'est-à-dire de lard et aussi plus de saindoux ; la viande n'est pas de première valeur. L'inverse se produit par l'engraissement des jeunes porcs : la graisse est moins abondante en proportion et la viande plus tendre et de meilleure qualité.

Il est recommandé de choisir les porcs destinés à l'engraissement de huit à 10 mois pour les variétés précoces de 14 à 15 mois pour les variétés communes. Pour reconnaître l'âge par la dentition le lecteur voudra bien se reporter au chapitre spécial, page 74.

Avant d'acheter un porc pour la reproduction ou l'engraissement, il faut examiner si l'animal n'est pas atteint d'une des maladies suivantes : la ladrerie, ou glandine, l'esquinancie, la bosse ou soies, le glossanthrax ou boucle.

La ladrerie est la plus préoccupante de ces maladies parce qu'elle ne se manifeste pas toujours à l'extérieur. Pour une personne insuffisamment expérimentée l'aide d'un spécialiste est nécessaire. Le spécialiste est connu dans certaines régions sous le nom de langueyeur. Il est vrai que les hommes dit hongreurs et qui ont pour métier de castrer les différents animaux de la ferme savent parfois langueyer et peuvent remplacer les langueyeurs en cas d'absence de ces derniers.

Voici comment M. Bardonnet des Martels décrit l'opération :

« Comme cette affection, ainsi que celles dont nous avons parlé, a son siège dans la bouche ou dans le voisinage de cette cavité, l'exploration ne peut en être faite qu'après qu'on s'est rendu maître de l'animal, conséquemment après l'avoir mis dans l'impossibilité de nuire. Pour cela il faut l'abattre, ce qui n'est pas toujours facile à faire. En pareil cas, voici de quelle manière il faut s'y prendre : secondé par plusieurs aides, le langueyeur saisit la bête par les oreilles, en se plaçant de côté. En même temps, les aides s'emparent du membre postérieur qui correspond au côté où se tient l'explorateur. Par deux mouvements combinés, un de celui-ci, qui tend à élever de terre l'avant-main; un autre, d'un des aides, agissant sur l'arrière-train par un effort brusque et soutenu de la main portée sur la croupe, la bête est renversée à terre sur le côté où se tient le langueyeur. Sans perdre de temps, celui-ci appuie son genou sur le cou du porc, le gauche, s'il est placé au côté droit de la bête, et réciproquement. Dans cette position l'explorateur est hors d'atteinte des pieds de l'animal et peut agir avec sécurité. Libre alors d'opérer à son gré, le langueyeur profite des cris que pousse le porc pour introduire entre les mâchoires l'extrémité d'un bâton, dont il se sert, comme d'un levier, pour les tenir écartées. Il passe ensuite l'autre extrémité du bâton sous la cuisse droite, qu'il prend pour point d'appui, ce qui lui permet d'introduire, sans danger, dans la bouche, la main droite enveloppée d'un linge, d'y saisir la langue et de la tirer au dehors. Dans cette position, il en examine tout à son aise la face inférieure, passe et repasse, alternativement et à plusieurs reprises, sur les côtés du frein, la face palmaire du pouce pour s'assurer que sous la muqueuse il n'existe pas de *grains* de ladrerie. Ces grains qui ne sont pas apparents, au début de la maladie, sur la face supérieure de la langue, s'y montrent plus tard; c'est pourquoi on les recherche de préférence sur l'inférieure. On les reconnaît à l'inégalité de la surface de la muqueuse, qui les cache longtemps avant qu'ils apparaissent à l'extérieur; mais alors ils se montrent sous la forme de petits boutons blancs ou bleuâtres, qui renferment une humeur séreuse. Ces espèces de pustules sont formées par une *hydatide*, le cysticerque celluleux. Lorsque le langueyeur a constaté sur un porc l'existence de cette affection, sa déclaration suffit pour annuler le marché. »

Pour coucher le porc à terre on peut employer la simple manière suivante qui doit être faite sans brutalité : saisir l'animal par une jambe de derrière et imprimer à la partie saisie une sorte de torsion. Le porc tombe comme une masse, on le maintient à terre en tirant l'épaule en arrière.

Nous recommandons aux vendeurs de prendre la peine de nettoyer, de savonner même, les porcs avant leur présentation sur le marché. L'aspect est plus attrayant et impressionne beaucoup plus l'acheteur. Pour conduire ces animaux sur le marché on ne saurait trop prendre de précautions. En effet, le voyage fait toujours perdre un certain poids dont l'importance varie suivant la longueur de l'étape, le genre de locomotion et l'état d'engraissement. Ainsi pour un parcours de 100 kilomètres, la perte de poids varie entre 2 et 4 o/o du poids vif. D'un autre côté, la perte est plus accentuée chez le petit porc que chez le gros, il en est de même chez le porc demi-gras, dont la perte est plus grande que chez le porc très gras.

RÉSUMÉ

Nous ne pouvous mieux terminer cette étude rapide qu'en présentant le petit exposé suivant qui résume toutes les qualités qu'un porc parfait devrait avoir. Cet exposé est du distingué professeur M. H.-L.-A. Blanchon à qui nous empruntons ce qui va suivre :

« Les formes extérieures de l'animal nous indiqueront, en premier lieu, s'il répond bien au but désiré. Son corps vu de côté devra avoir la forme d'un parallélogramme avec les angles légèrement arrondis. Les lignes du dos et du ventre ainsi que celles des membres devront être droites et parallèles les unes aux autres. Vu de face, il devra nous présenter un carré ou plus exactement un rectangle légèrement plus haut que large. La tête devra être plutôt courte et point trop volumineuse; cette partie du corps est toujours en grande partie un déchet inutile dans les animaux de boucherie. Le cou devra être court, mais bien arrondi et s'élargissant à l'approche des épaules. Celles-ci seront carrées et larges, les jambes de devant bien écartées l'une de l'autre de façon à former un poitrail aussi large que possible donnant ainsi une ample place aux poumons et au cœur et permettant le bon fonctionnement de ces organes internes. Le corps sera allongé, large et cylindrique, le dos large aussi, long et droit, non voussé et en tout cas non convexe. Le ventre large et droit, non flasque et rentrant aux flancs. Les jambons devront être aussi larges que possible et plats à leur partie supérieure, obliquant un peu, mais légèrement jusqu'à la naissance de la queue. Les jambes devront être courtes et fines, mais quoique la diminution de l'ossature soit un point important, il faut que les os restent assez forts pour supporter le corps de l'animal et ne point l'obliger à la stabulation complète; les pieds devront aussi être conformés de manière à permettre une marche aisée. Les soies devront être fines et soyeuses et assez abondantes pour cacher la peau; les soies, grandes, dressées, indiquent une chair grossière et un animal qui arrivera tardivement à maturité et s'engraissera mal; les soies, fines, rares et courtes, quoique signes de chair fine, indiquent un animal de constitution faible et délicate apte à contracter des maladies.

Les signes d'une grande aptitude à se bien nourrir sont aussi ceux d'un rendement considérable de bonne viande: la profondeur de la poitrine de haut en bas, la longueur de cette cavité, l'épaisseur du corps, la largeur des lombes indiquent un grand développement des parties du corps où se trouve la meilleure viande. « Les porcs à os grêles, à encolure courte, à flanc étroit, à ventre peu développé, à corps long, à épine dorsale bien soutenue depuis les épaules jusqu'à la queue ont, si du reste leur taille le comporte, de larges filets, de fortes côtelettes, de gros jambons et peu d'issue », écrivait Magne, vers le commencement du siècle dernier, et ses affirmations ont été prouvées par les races similaires, que nous possédons aujourd'hui. Un autre point, d'une importance capitale de nos jours, consiste en la précocité de la race. Autrefois, les porcs soumis au régime du pâturage ne coûtaient que peu à entretenir, aussi il importait moins qu'ils fussent arrivés rapidement à un état de maturité permettant de les soumettre à l'engraissement. De nos jours les défrichements ont supprimé la majeure partie des pâtures destinées aux porcs et, quoiqu'on s'efforce de les nourrir le plus économiquement possible, tous les aliments donnés aux porcs coûtent plus ou moins au lieu d'être presque gratuits comme autrefois. Il importe donc de nourrir moins longtemps les animaux à la ferme, c'est-à-dire de les engraisser le plus tôt et le plus rapidement possible. C'est cette précocité que doivent rechercher les éleveurs. Ajoutons aussi que le porc idéal doit être prolifique et que les truies doivent être bonnes laitières.

Fonctions normales des Suidés :

	JEUNE	ADULTE	VIEUX
Nombre de pulsations.......	100 à 116	70 à 80	55 à 60
Température normale de 40° à 40°,5			

CHAPITRE VIII

CHOIX DU BÉTAIL DANS LES CONCOURS

Généralités. — La méthode de pointage des animaux, c'est-à-dire l'appréciation du bétail par les points, par la valeur donnée à leurs beautés, est un peu nouvelle en France. Il y a quelques années, le célèbre professeur Baron avait bien préconisé en France ce système, aussi génial que pratique, mais il ne fut guère suivi et à peine énoncé dans une conférence mémorable, il tombait en désuétude. Au contraire, un peu partout à l'étranger, le système donnait et donne actuellement de bons résultats. Les méthodes suivies ne sont naturellement pas encore idéales, elles sont susceptibles de perfectionnements, mais leur précision est suffisante pour que les résultats qui en découlent soient dignes d'être recommandés (1).

Avant 1905, c'est-à-dire au concours de la race charolaise à Moulins, la méthode de pointage ne fut jamais appliquée officiellement. A ce concours la méthode, on peut le dire, fit merveille; les éleveurs

(1) Voir aussi pages 132 et 139.

purent enfin se rendre compte, une fois les tableaux exposés, de la perfection ou de la défectuosité de chacune des parties de l'animal qui venait d'être examiné par le jury. Tout le monde savait à quoi s'en tenir et il était facile d'améliorer par la suite ses sujets en toute connaissance de cause.

Par l'application du pointage, les faveurs, les recommandations ou tous autres genres de passe-droits deviennent difficiles, sinon impossibles, les prix et récompenses n'en sont que plus justement donnés.

Chaque animal possède sa fiche ou *tabelle*, qui peut être délivrée à toute personne qui en fait la demande. C'est sur cette fiche que sont inscrits les points obtenus par la bête.

M. Marcel Vacher, l'éminent et savant éleveur, nous dit comment fut appliquée la méthode et les effets qu'elle produisit : « Les membres du jury ignorants de l'application de la méthode parurent, eux aussi, accuser au commencement des opérations un petit mouvement de flottement. Cependant au bout d'un quart d'heure d'essai, chacun savait à quoi s'en tenir et reconnaissait la précision pour ainsi dire mathématique qui découlait de ce système. Quant à la durée des opérations du jury elle ne fut pas sensiblement plus longue qu'avec l'ancienne méthode empirique, nous l'estimons même beaucoup plus rapide en ce sens qu'elle oblige ceux des jurés dont l'esprit est indécis à une conclusion précise et formelle et qu'elle évite, pour le classement définitif, des tâtonnements fâcheux auxquels nous assistons si souvent dans les concours. »

Application. Points et tableaux. — Le jury comprend deux membres, trois au plus. Chaque membre reçoit une fiche ou tabelle sur laquelle on inscrit les points mérités par les régions considérées et indiquées plus loin. Toutes les régions sur lesquelles doivent porter l'examen sont appréciées par rapport à l'âge. Il est juste aussi de tenir compte du poids et de l'origine certaine de chaque animal.

Les notes attribuées varient généralement de 0 à 10. Elles sont multipliées ensuite par un coefficient arrêté d'avance, une bonne fois pour toutes, suivant le but que l'on recherche dans chaque race, dans chaque vocation. Dans le petit tableau suivant il est donné un exemple pour la race nivernaise de la quotité convenue d'avance pour les coefficients fixes :

	COEFFICIENT	
	Mâles	Femelles
Tête et cornage	1	1
Encolure	0,25	»
Poitrine et passage des sangles	1	0,75
Dessus	2	2
Culotte et largeur du bassin	2	2
Membres et aplombs	1	1
Finesse	0,75	0,75
Développement général et taille	1	1
Harmonie générale des formes	1	1
Caractères laitiers	»	0,50
Total	10	10

L'animal idéal obtiendrait 100 points. Les animaux obtenant de :

80 à 100 points font partie de la 1re catégorie
70 à 80 — — 2e —
60 à 70 — — 3e —

En dessous de 60 points, les animaux ne sont pas classés.

Il va de soi que les coefficients que nous venons de décrire sont conventionnels. Suivant les races, l'importance des caractères recherchés, les aptitudes, considérées, etc., les points et les coefficients peuvent être plus ou moins élevés. Ainsi, pour certaines races, la production du lait est plus estimée que la chair contrairement à ce qui se passe pour d'autres races.

A titre d'exemple, voici une tabelle de pointage concernant les femelles de la race bovine montbéliarde.

ORGANES ET QUALITÉS à considérer	Coefficients	N° Maximum
Tête et cornage...............	10	
Encolure, poitrine, épaule......	6	
Sangle et côte................	8	
Ligne du dos..................	5	
Rein et flanc.................	3	
Bassin, hanches, culotte et croupe	8	
Attache de la queue...........	5	
Membres.......................	5	
Aplombs, allure, harmonie générale.........................	5	
Robe..........................	5	
Développement général........	7	
Ampleur relative du bassin.. ..	6	
Mamelles, veines laitières, trayons	15	
Ecusson.......................	6	
Souplesse et onctuosité de la peau et du poil. Aspect cireux des ouvertures et des oreilles.....	6	
Totaux...	100	

Pour être plus parfaite, l'appréciation à l'aide des tabelles devrait se compléter par la mensuration telle qu'on la pratique déjà à l'étranger et quelque peu en France.

Mais n'en demandons pas tant à la fois. Que la méthode des tabelles se généralise dans toutes les races et l'on verra bien que, les progrès de la science aidant, dans les plus grands concours comme dans les concours de canton, il arrivera un jour que l'appréciation par les tabelles sera augmentée de la précieuse indication de la mensuration.

En résumé, la méthode des tabelles doit être universellement appliquée. Elle fournit des indications précises, faciles à être contrôlées par tout le monde. Elle limite les faveurs et les passe-droits. D'un autre côté, l'appréciation devient uniforme tout en ayant un caractère de rapidité très précieux pour les jurys des concours, dont les heures sont comptées. La méthode que nous venons de décrire est simple. Elle laisse loin derrière elle les théories ingénieuses introduites par plusieurs savants techniciens notamment le professeur Baron. Ces méthodes, restées dans le vague, étaient compliquées et ne répondaient pas aux exigences des éleveurs comme la méthode actuelle que nous venons brièvement d'exposer.

Cette dernière présente aussi l'avantage d'être claire pour tout le monde; plus de mots scientifiques forgés par chaque professeur avide de création linguistique, il n'y a plus besoin, pour pouvoir suivre cette méthode des tabelles, des racines cubiques et autres calculs compliqués et il n'y a pas besoin non plus de savoir le grec et le latin pour suivre la lecture des données exposées par certains doctes de la science zootechnique et zoologique, dont la méthode avait surtout une particularité : c'était de n'être comprise que par eux-mêmes.

La méthode de pointage est applicable aussi bien aux bovins qu'aux autres races. Ainsi en Angleterre, notamment pour la race ovine de Suffolk, une échelle de points est suivie pour tous les concours concernant les célèbres moutons. Espérons qu'en France nous verrons ces méthodes se généraliser rapidement et que dans peu d'années les jurys des concours n'apprécieront plus les animaux de la ferme que de cette façon-là.

FIN

TABLE DES MATIERES

CHAPITRE PREMIER

Choix de l'animal en mouvement

CHAPITRE II

Choix des animaux de la ferme au point de vue de leur âge apprécié par la dentition.

CHAPITRE III

Choix proprement dit des animaux de la ferme

CHAPITRE IV

Choix des Bovidés

CHAPITRE V

Choix des Equidés

Compléments nécessaires à l'Etude des Equidés.

CHAPITRE VI

Choix des Ovidés (moutons).

CHAPITRE VII

Choix des Suidés (porcs).

CHAPITRE VIII

Choix du bétail dans les Concours.

TABLE DES FIGURES

Poitiers. — Imprimerie Blais et Roy, 7, rue Victor-Hugo.

www.ingramcontent.com/pod-product-compliance
Ingram Content Group UK Ltd.
Pitfield, Milton Keynes, MK11 3LW, UK
UKHW021848190726
13855UKWH00001B/212

9 782013 575706